Fischer – Nisthilfen

Eric Fischer

Nisthilfen

für Wildbienen, Hummeln & Co.

Artgerecht – Selbst gebaut – Richtig platziert

AULA-Verlag GmbH Wiebelsheim

Bibliografische Information der Deutschen Nationalbibliothek
Die Deutsche Nationalbibliothek verzeichnet diese Publikation in der Deutschen Nationalbibliografie; detaillierte bibliografische Daten sind im Internet über http://dnb.d-nb.de abrufbar.

www.aula-verlag.de

Umschlagabbildungen/Innenteil: Eric Fischer
Druck und Verarbeitung: Plump Druck & Medien GmbH, Rheinbreitbach
Printed in Germany/Imprimé en Allemagne
ISBN 978-3-89104-858-0

Inhalt

Vorwort

Ein Leben ohne das regelmäßige Aufsuchen und Genießen der Natur mit all ihren Facetten kann ich mir nicht vorstellen. Von frühester Kindheit an empfinde ich eine tiefe Verbundenheit mit allem, was lebt. Schon als Zweijähriger soll ich, laut meiner Eltern, beim Waldspaziergang häufig auf dem Bauch gelegen haben, um kleine Insekten zu beobachten und zu „begreifen."

Dies war der Startschuss zu einem Leben in und mit der Natur, einer nie versiegenden Quelle des Erlebens, Staunens und Verstehens der eigenen Rolle als Mensch und der daraus resultierenden Verantwortung für die Bewahrung alles Natürlichen.

Eine logische Konsequenz daraus ist für mich das Bemühen um den Schutz und Erhalt der Flora und Fauna meiner Heimat, ein Anliegen, das gesellschaftlich immer noch viel zu wenig Beachtung findet. Erst mit wachsendem Bewusstsein der existentiellen Bedrohung von Ökosystemen durch den Klimawandel oder das Insektensterben wächst langsam die Einsicht in die Notwendigkeit, aktiv etwas für den Naturschutz zu tun.

Das Anbieten von Nisthilfen für verschiedene, „wohnungssuchende" Tiergruppen ist eine traditionelle Methode, diese zu fördern und auf ihre Bedrohung aufmerksam zu machen.

Natürlich ist dies nur ein Teil dessen, was im Naturschutz möglich und notwendig ist. Dieser Teil aber kann praktisch von jedem geleistet werden, ist oft motivierend und hat positive Außenwirkung. Baut man diese „Ersatzwohnungen" selbst, kommt das Moment des kreativen, handwerklichen Handelns hinzu, was die Identifikation mit den eigenen Nisthilfen positiv verstärkt.

So soll dieses Buch dazu anregen, sich theoretisch und vor allem praktisch mit Hilfsmaßnahmen für Bienen und Wespen auseinanderzusetzen und dabei sowohl befriedigende Resultate zu erzielen als auch Spannendes zu erleben.

Denn die große Vielfalt der Wespen- und Bienenarten sowie deren faszinierende Lebensweisen ermöglichen sowohl verblüffende Beobachtungen vor der eigenen Haustür als auch vielfältige, erfolgversprechende Hilfsmaßnahmen.

Laubach, im Dezember 2023 Eric Fischer

Sinn und Unsinn von Nisthilfen für solitäre Bienen und Wespen

Sogenannte „Insektenhotels" boomen. Auch bei Artenschutzmaßnahmen für Tiere gibt es „Modeerscheinungen". Der Bau großer „Insektenhotels" ist eine solche, und wie oft ist der Grundgedanke durchaus positiv und sinnvoll, die Ausführung und Positionierung aber oft unbedacht oder fehlerhaft.

Daher ist es wichtig, bei der Planung und Herstellung von Nisthilfen für Bienen und Wespen deren Ansprüche und Lebensweisen zu kennen und zu berücksichtigen. Dann sind die Herstellung und Anbringung solcher Nisthilfen eine sinnvolle und erfüllende Ergänzung zu anderen Schutzmaßnahmen. Denn noch wichtiger als die Aufstellung der Nisthilfe ist der Schutz des umgebenden, strukturreichen Lebensraums mit geeigneten

Sandfläche für Bodennister mit Sedum- und Sempervivumarten.

Nahrungspflanzen, Beutetieren (für Wespen) sowie den unterschiedlichsten Baumaterialien zum Nestbau.

Die Anbringung geeigneter Nisthilfen kann besonders im Siedlungsraum bestimmte Arten von Hautflüglern fördern. Kritiker bemängeln, dass es meist häufige Arten sind, die von solchen Nisthilfen profitieren. Das mag in vielen Fällen zutreffen, doch sind auch durchaus seltenere Bienen- und Wespenarten an Nisthilfen zu beobachten. Zudem gehen auch die Bestände ehemals häufiger Arten besorgniserregend schnell zurück.

So sind beispielsweise in Ausbreitung begriffene Arten wie der Stahlblaue Grillenjäger (*Isodontia mexicana*) manchmal an Nisthilfen (Bohrungen von 10 mm Durchmesser in Holz) zu beobachten, Gleiches gilt für die Luzerne-Blattschneiderbiene (*Megachile rotundata*), die Gangdurchmesser von 6 mm bevorzugt (Hohle Stängel, Pappröhren, Holzbohrungen, Steinbohrungen oder Lehmwände).

Natürlich muss das Umfeld stimmen: Eine große Vielfalt an heimischen Wildblumen, Bäumen und Sträuchern ist Voraussetzung für das erfolgreiche Brüten der meisten Wildbienenarten. Das Vorkommen einer artenreichen Insektenfauna, oft auch ganz spezieller Artengruppen, ist unabdingbar für Wespenarten, die ihre Brut mit lebender bzw. gelähmter Beute versorgen, wie beispielsweise die Gemeine Sandwespe (*Amophila sabulosa*).

Arten- und strukturreicher Vorgarten mit blühender Sand-Kies-Fläche.

Das Aufstellen von Nistanlagen in der freien Landschaft ist oft fragwürdig. Im besten Fall hat es pädagogische Wirkung, wenn an Wanderwegen oder anderen, häufiger frequentierten Orten Nisthilfen mit erläuternden Hinweisen Menschen auf das Thema Wildbienenschutz aufmerksam machen.

Dort, wo die ökologischen Voraussetzungen für Bienen- und Wespenvorkommen günstig sind und genügend Nahrung vorhanden ist, ist auch das Nistplatzangebot in der Regel gut und macht Nisthilfen oft überflüssig.

Solche Lebensräume sind in unserer „durchplanten und übernutzten" Landschaft allerdings selten geworden und sollten daher besonderen Schutz genießen. Eine ökologisch ausgerichtete Land- und Forstwirtschaft, eine flächenschonende Siedlungspolitik, eine an den Bedürfnissen von Mensch und Tier orientierte Städteplanung, ein konsequenter Schutz besonderer Lebensräume und nicht zuletzt ein giftfreies, naturbewahrendes Gärtnern sollten selbstverständlich werden und so allen Pflanzen- und Tierarten zugutekommen.

Der allerdings häufigere Fall ist der, dass botanisch verarmtes Intensivgrünland, ausgeräumte Ackerlandschaften oder strukturarme andere Biotoptypen vorherrschen. Hier bewirkt auch die beste Nisthilfe nichts!

Unter besonderen Umständen können aber auch Nistanlagen außerhalb des Siedlungsbereichs Sinn machen, wenn z. B. in gesicherten Flächen mit ökologischem Entwicklungspotential und entsprechendem Nahrungsangebot die Ansiedlung von wilden Bienenarten oder Wespen beschleunigt werden soll. Langfristig müssen sich aber auch in solchen Lebensräumen natürliche Brutstätten entwickeln und künstliche Nisthilfen ablösen.

Trockenhänge mit sandigem Kalkboden beherbergen eine hohe faunistische und botanische Artenvielfalt. Solche Lebensräume schwinden in besorgniserregendem Tempo.

Artenreicher Trockenhang mit Steinwänden, Einzelsträuchern und blühenden Königskerzen.

Anspruch und Wirklichkeit: Artenreiche Blühwiesen weichen seit Jahrzehnten artenarmem Grünland und Ackerflächen. Da können auch blühender Raps und ein Solitärbaum nicht darüber hinwegtäuschen.

Eine Nisthilfe an einem Standort wie diesem macht keinen Sinn, da ausreichende Nahrungsquellen fehlen.

„Kompletter" Lebensraum für eine Vielzahl von Tier- und Pflanzenarten. Hier hätte eine Nisthilfe für Wespen und Bienen eine eher informative Wirkung bzw. könnte einige Arten für den Spaziergänger „sichtbar" machen.

Warum Nisthilfen selbst herstellen?

Nisthilfen für solitäre Bienen und Wespen, meist unter der irreführenden Bezeichnung „Insektenhotel“ angeboten, gibt es allerorten zu kaufen: In Baumärkten, Internetshops oder Gärtnereien. Warum sollte man sie also selbst bauen?

Es sprechen einige Gründe dafür, Nisthilfen selbst herzustellen. Zum einen sind Bauart und Qualität vieler käuflicher Nisthilfen schlicht mangelhaft. Was unter dem Begriff „Insektenhotel“ angeboten wird, ist in vielen Fällen nicht empfehlenswert. Da werden Stroh, Tannenzapfen oder Holzwolle in Gefache „gestopft“ und es wird versprochen, dass sich dort Ohrenkriecher und Co. einnisten. Dies mag in einigen Fällen auch geschehen, doch kann dies nicht das Ziel einer Nisthilfe sein. Hier sollen nicht Unterschlupfmöglichkeiten für „irgendwelche Insekten“ geschaffen werden, sondern Fortpflanzungsstätten für wildlebende Bienen und Wespen. Der Platz, den derartige Gefache einnehmen, ist vergeudet. Hier kann viel sinnvoller und effektiver gestaltet werden. Und das geht nun mal viel besser, wenn man selbst solche Nisthilfen plant und umsetzt. Ins Stirnholz angebohrte Aststücke (Gefahr der Rissbildung und Verpilzung) findet man ebenso häufig wie sogenannte Schmetterlingshöhlen mit senkrechten Einflugschlitzen. Letztere sind aufgrund eines Denkfehlers entwickelt worden und vollkommen nutzlos für Schmetterlinge. Wer etwas für Schmetterlinge tun möchte, sollte heimische Wildblumen, Sträucher und Bäume säen oder pflanzen.

Glücklicherweise gibt es aber auch gute Bienennisthilfen zu kaufen (Bezugsquellen im Anhang).

Gute, käufliche Nisthilfe, die speziell für Bestäuber in Obstplantagen entwickelt wurde. Daher dominieren Lochdurchmesser von 7 mm bis 9 mm, was die Artenvielfalt stark einschränkt. Es sind meist die zwei häufigsten Mauerbienenarten (Osmia bicornis, Osmia cornuta), die hier nisten. Zahlen muss man für solch einen Nistblock etwa 170,00 Euro.

Positivbeispiel einer käuflichen Nisthilfe, getöpfert, glasiert und mit Pappröhrchen gefüllt. Preis mit Füllung: etwa 140,00 Euro.

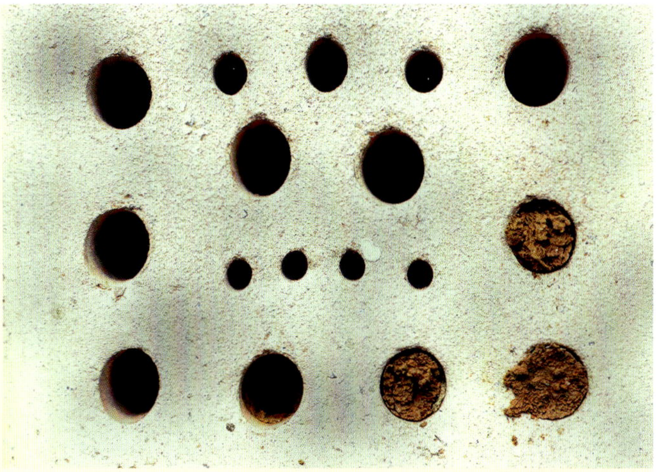

Selbstgebaute Nisthilfe in einem Kalk-Mauerstein. Kosten: 2,50 Euro.

An obenstehendem Beispiel wird deutlich, dass selbstgemachte Nisthilfen im Vergleich zu käuflichen oft deutlich preisgünstiger sind. Die Kosten für den Kalkstein sind in diesem Beispiel sehr niedrig, bei Nisthilfen mit Pappröhrchen können sie deutlich höher sein (ca. 12 Cent pro Röhrchen). Immer aber ist die selbstgemachte Nisthilfe preisgünstiger als die gekaufte!

Diese haben allerdings ihren (verdienten) Preis. Da greift der eine oder andere dann doch lieber selbst zu Bohrer und Schleifpapier.

Beim Design der Nisthilfen sind der Fantasie keine Grenzen gesetzt. Wer das Aussehen seiner Nistkästen an den speziellen Standort anpassen möchte, kann dies in Form und Farbe selbst am besten umsetzen. So können wahre Kunstwerke entstehen, die eben genau an die eigene Hauswand oder den eigenen Balkon passen. Nicht zu vergessen ist, dass das Platzangebot für Nisthilfen im eigenen Garten oder am Mietshaus meist nicht unbegrenzt ist. Auch die Größe einer Nisthilfe kann in Eigenarbeit genau an den zur Verfügung stehenden Platz angepasst werden. Und nicht zuletzt macht das Selberbauen einfach Spaß! Kinder und Jugendliche zu solchen Arbeiten zu motivieren und anzuleiten, erfüllt zudem einen wichtigen pädagogischen Zweck.
Der persönliche Bezug zur selbstgebauten Bienennisthilfe ist deutlich größer als zu einer gekauften! So steigt, nach langjähriger Erfahrung des Verfassers, auch das Interesse an den Bewohnern der „künstlichen Nistplätze." Ob in Kindergärten, Grundschulen oder in weiterführenden Schulen: Die selbstgestaltete, selbstgebaute Nisthilfe erweckt und steigert die Motivation für den Schutz von Bienen, Wespen und anderen Tierarten.

Günstige Standorte

Auf die grundsätzliche Problematik von Nistanlagen in der freien Landschaft wurde schon kurz eingegangen. Sollte man sich trotzdem für eine solche Maßnahme entscheiden, ist die richtige Standortwahl von besonderer Bedeutung. Bienen und Wespen sind wärmeliebende Insekten, deren Niststandorte meist warm, windgeschützt und möglichst trocken liegen. Diese Bedingungen sollten auch künstliche Nisthilfen bieten. Die Exponierung nach Süden oder Südosten sorgt für ausreichende Besonnung (natürlich darf nicht permanent Schatten auf die Nisthilfe fallen), eine Überdachung (idealerweise aus Glas oder Plexiglas) hält zumindest teilweise Regen ab. Steht die Anlage dicht vor einer großen, vertikalen Fläche wie einem Waldrand oder einer Felswand, verbessern sich die kleinklimatischen Bedingungen weiter. Diese Grundsätze gelten auch im heimischen Garten. Hier stellen sonnenexponierte Wände von Häusern, Gartenhäusern oder Scheunen ideale Standorte für Nisthilfen dar, besonders dann, wenn diese durch Dachüberstände weitgehend trocken bleiben. Sorgen weitere Gebäude oder Bäume darüber hinaus für wenig Wind, fühlen sich Wildbiene und Co. besonders wohl. Oft bieten nach Süden ausgerichtete Balkone ideale Bedingungen, selbst in oberen Stockwerken von Hochhäusern. Hier kann man durch geeignete Wildpflanzen in Töpfen oder Balkonkästen die Lebensbedingungen für Insekten weiter optimieren. Will man Nisthilfen abseits von Gebäuden im Garten anbringen, sollte man auf möglichst trockene, windarme und warme Standorte achten.

Nisthilfenanlage vor einer Baum-Hecke, nach Süden ausgerichtet, mit künstlichen Steilwänden und Strangpfalzziegeln, Totholz, Pappröhren sowie verschiedenen Blühpflanzen.

Eine kahle Betonwand wurde mit einer Trockenmauer, Hartholzblöcken und Strangpfalzziegeln als Niststandort für Stechimmen hergerichtet. Ein Plexiglasdach schützt vor Regen.

Der Klassiker: Nisthilfe aus Hartholz und Pappröhren sowie Schutzgitter an Hauswand.

Vor Hecken oder Trockenmauern, an Sichtschutzwänden oder großen Steinen kann man solche Bedingungen finden und erfolgreich Wildbienen und Wespen ansiedeln. Geschlossene Nisthilfen wie Hummelkästen oder Hornissenkästen dürfen allerdings keiner zu langen und intensiven Sonneneinstrahlung ausgesetzt werden, weil sie sonst leicht überhitzen können. Hornissenkästen finden im Halbschatten am Stamm alter Bäume gute Bedingungen, Hummelkästen stehen gut unter teilweise besonnten Sträuchern oder Bäumen.

Südexponierter, trockenwarmer Standort mit reichlich Blühpflanzen, Bohlenwand und Totholz-Nisthilfen.

Der Garten als Ersatzlebensraum für Stechimmen – Möglichkeiten und Grenzen

In Deutschland gibt es etwa 17 Millionen Gärten, ca. 1 Million davon sind Schrebergärten. Mit etwa 35.000 ha Schrebergarten-Fläche ist Deutschland sogar führend in Europa.
Der durchschnittliche deutsche Garten ist ca. 200 Quadratmeter groß. Fast die Hälfte aller Deutschen gibt an, regelmäßig und gerne im Garten gestaltend zu wirken und sich dort regelmäßig aufzuhalten.
Bemerkenswert ist, dass die Gesamtfläche aller deutschen Gärten der aller Naturschutzgebiete des Landes entspricht.

Nach aktuellen Berechnungen des NABU-Deutschland leben momentan in Naturgärten ca. 2.700 Tierarten, das sind 6 % der Arten der heimischen Fauna. Allerdings sind nur etwa 5 % aller Gärten naturnah gestaltet. Ließe sich diese Zahl deutlich erhöhen, stiege die Bedeutung der Gärten für den Naturschutz weiter. Momentan kann der Lebensraum Garten nur sehr bedingt Tierarten in ihren Populationen so stärken, dass diese im Bestand gesichert wären. Von den knapp 580 Bienenarten Deutschlands stehen zwei Drittel auf der Roten Liste, etwa 130 Arten sind in Gärten nachgewiesen. An diesem Beispiel wird deutlich, dass Gärten zwar wichtig für den Artenschutz sind, aber niemals Ersatz für schwindende Naturräume der freien Landschaft sein können.

Man sollte allerdings nicht die erzieherische Wirkung von Artenschutz im Garten unterschätzen. Kinder, Jugendliche und Erwachsene können durch Naturbeobachtungen im Garten motiviert werden, mehr für den Artenschutz über den „eigenen Tellerrand“ hinaus zu tun. In Kindergärten und Schulen wird Umwelterziehung zum Erlebnis für junge Menschen, wenn in mitgestalteten Lebensräumen und Nisthilfen im Schulgarten Wildtiere „begreifbar“ werden.

Der Bau einiger Modelle von Nisthilfen für solitäre Wespen und Bienen ist relativ einfach und kann unter Anleitung bereits mit Sechsjährigen durchgeführt werden.
Dies alles sind gute Gründe dafür, auf öffentlichen und privaten Grünflächen Maßnahmen für den Naturschutz im Allgemeinen sowie den Schutz wilder Stechimmen im Besonderen zu ergreifen.

Naturnah gestaltete Trockenrasenfläche im Naturgarten dient vielen Tier – und Pflanzenarten als Lebensraum.

Solche blütenreichen Säume – optimale Insektenbiotope – werden immer seltener.

Binnendüne im Naturschutzgebiet Mainzer Sand – Lebensraum seltener, auf Sandböden spezialisierter Bienen- und Wespenarten.

*Obstwiese mit hohem Anteil an stehendem Totholz und Sträuchern. Im abgebildeten absterbenden Obstbaum nistet eine Reihe von wilden Bienen und Wespen, wie z. B. die Blaue Holzbiene (**Xylocopa violacea**).*

Gelungenes Beispiel einer Wildblumenaussaat mit heimischen Arten auf einem brachliegenden Acker. Hier konnten ca. 35 verschiedene Bienenarten bei der Nahrungssuche entdeckt werden.

Offen gelassene Steinbrüche sind Lebensraum weniger, aber seltener Bienen- und Wespenarten.

Besonnte, warme Waldränder mit hohem Totholzanteil bieten vielen Insekten Lebensraum, darunter auch Bienen und Wespen.

Liegendes Totholz (abgestorbene Kiefer), von Käferfraßgängen durchsetzt. Der trockenwarme Standort (besonnte Gehölzinsel auf Trockenrasen) bietet ideale Brutplätze für holznistende Wespen- und Bienenarten.

Die folgenden Bilder zeigen positive Beispiele von Naturgärten, welche den gezeigten Biotoptypen im Kleinen entsprechen.

Sandige Fläche mit Basaltsteinen und Sedum- und Sempervivumarten. Hier nisten diverse Wespenarten im Boden, z. B. ***Oxybelus uniglumis****, die Gemeine Fliegenspießwespe.*

*Blühfläche auf magerem Boden mit Färberkamille (**Cota tinctoria**) und Natternkopf (**Echium vulgare**), Nahrungsraum von ca. 70 Bienen- und Wespenartenarten (Garten des Verfassers).*

*Heuschrecken-Sandwespe (**Sphex funerarius**).*

*Wildblumenwiese mit Stützmauer aus Holz, Basaltgestein und einzelnen Nisthilfen (rechts), in denen z. B. die Blaue Holzbiene (**Xylocopa violacea**) nistet.*

***Antophora aestivalis**, die Sommerpelzbiene, ist eine eher seltene Bienenart im Naturgarten.*

Strukturreicher Naturgarten, der direkt in die offene Landschaft übergeht. Sehr artenreiche Fläche mit seltenen Tier- und Pflanzenarten. Der Übergang zum Offenland ist fließend.

Halbtrockenrasen, Steinhaufen und Wildstauden bieten Stechimmen und anderen Tierarten einen idealen Lebensraum.

*Rote Zaunrübe (**Bryonia diocia**) überwuchert einen Busch im Garten. Die Pflanze ist die einzige Pollenquelle der Zaunrüben-Sandbiene (**Andrena florea**).*

Die Kombination aus Trockenmauer, Sand-Kies-Fläche und Sträuchern bildet ein Eldorado für unzählige Tierarten, besonders für Bienen und Wespen.

Frühblüherbeet auf sandig-steinigem Boden, attraktiv für Menschen und Insekten.

*Frisches Männchen der Natternkopf-Mauerbiene (**Osmia adunca**) tankt Wärme an Trockenmauer.*

Verschiedene Typen von Nisthilfen

Als der Autor Mitte der 1970er-Jahre mit dem Bau von Nisthilfen begann, gab es kaum Literatur zu diesem Thema. Die wenigen wissenschaftlichen Arbeiten diesbezüglich erwähnten zu diesem Zeitpunkt aber bereits die Möglichkeit, Bohrgänge von holzbewohnenden Insekten zu imitieren, indem man (Hart-)Holzblöcke mit Hilfe gewöhnlicher Holzbohrer anbohrt (2 mm – 10 mm Durchmesser, in der Regel mit der vollen Bohrerlänge, also 5 cm – 10 cm tief).

Hartholzblock (Esche) mit Bohrungen.

Diese sehr einfach anzufertigenden Nisthilfen für Wildbienen und solitäre Wespen sind heute weit verbreitet und verdienen weitere Förderung. Es sind dabei aber einige grundsätzliche Regeln zu beachten.
Zunächst spielt die Wahl des Holzes eine entscheidende Rolle. Weichhölzer wie Fichte, Kiefer, Pappel oder Weide sind in der Regel ungeeignet, da sie bei Feuchtigkeit zu stark „aufquellen" und das Holz insgesamt zu stark „arbeitet". Je härter und länger abgelagert das Holz, ist, desto besser! Ideal (aber teuer) ist abgelagertes Drechselholz von Buche, Eiche, Esche sowie Obstbäumen (Apfel, Pflaume, Birne). Es sollte frei von Rissen und Harzblasen sein und quer zum Faserverlauf angebohrt werden (bei Bohrungen ins Stirnholz steigt die Gefahr, dass Nässe eindringt und eine Verpilzung des Holzes erfolgt, die meist tödlich für die Bienenbrut ist).

Angebohrter Obstbaumstamm. Die Längsrisse im Stamm treffen glücklicherweise nur eine Bohrung. Diese wird dadurch unbrauchbar als Neststandort

Bei der Größe gibt es keine Obergrenze, selbst ganze Äste oder gar Stämme können entsprechend präpariert werden.

Neben Bohrungen in Hartholz sind nach langjähriger Erprobung durch den Autor auch verschiedene Steinarten für die Anlage von Bohrgängen geeignet.
Optimal sind Sandsteinblöcke, die relativ weich und damit gut zu bearbeiten (anzubohren) sind. Sie werden gerne von verschiedenen hohlraumnistenden Arten genutzt. Sie sind sehr langlebig, nehmen nur in geringem Maße Feuchtigkeit auf

Hier wurde gleich der ganze Stamm eines Apfelbaums (liegendes Totholz) als „Nisthilfe" angeboten. Rechts ein noch stehender, abgestorbener Kirschbaum. In beiden Stämmen nisten rund ein Dutzend verschiedene Bienen- und Wespenarten (u. a. ***Xylocopa violacea, Megachile nigriventris, Heriades truncorum****).*

und können gut mit einem (Plexi-)Glasdach vor Schlagregen geschützt werden.
Selbst Beton kann mit etwas mehr Kraftaufwand angebohrt werden und wird von verschiedenen Mauer- und Blattschneiderbienen zur Nestanlage genutzt.

Wer die Möglichkeit hat, einen Brennofen zu benutzen, kann sehr dekorative Nistblöcke oder Figuren aus Ton herstellen. Mit Nägeln verschiedenen Durchmessers (oder Rundhölzern) werden Gänge in den ungebrannten Ton gestochen. Dann wird der Ton gebrannt und man erhält effektive und dekorative Nisthilfen. Diese kann man auch sehr gut zusammen mit Kindern und Jugendlichen herstellen

Schon vor langer Zeit bemerkten bieneninteressierte Menschen, dass kleine Wildbienenarten gerne in reetgedeckten Hausdächern nisten. Sie fliegen durch die Öffnungen der Schilfhalme in diese hinein und errichten hier ihre Liniennester. Ähnliches ist auch an abgebrochenen, markgefüllten oder hohlen Ästen von Brombeeren, Holundern oder Rosen zu beobachten.
Als künstliche Nisthilfe können also markgefüllte oder hohle Stängel verschiedener heimischer, aber auch fremdländischer Pflanzen dienen. Auch sauber abgeschnittene Strohhalme sind geeignet. Diese sollten einzeln oder gebündelt angeboten werden. Wichtig ist, dass das hintere Ende verschlossen (z. B. durch einen natürlichen „Knoten") und das vordere Ende möglichst glattrandig ist. Relativ einfach möglich ist dies bei Bambus und Holunder, die mit einer feinzahnigen Säge (Laubsäge, Japansäge) zu Röhren von ca. 10 cm bis 15 cm Länge gesägt werden. Das Mark vom Holunder kann entfernt werden oder im Stängel verbleiben. Wie bei allen Nisthilfen für Hautflügler sollte auch hier ein trockener, warmer und windgeschützter Standort gewählt werden. Ein kleiner Wermutstropfen bei einzeln angebrachten Holunder- oder Schilfstängeln ist allerdings die Gefahr, dass diese von Kleinvögeln oder Spechten seitlich aufgehackt und ausgeräumt werden. Gebündelte Halme und Stängel können gut in alten Blechbüchsen platziert, mit Dachpappe umrandet und an der Frontseite mit einem Drahtgitter geschützt werden.

Etwas teurer, aber sehr effektiv sind seit einigen Jahren im Handel angebotene, speziell für Hautflügler entwickelte Pappröhrchen mit verschiedenen Durchmessern und Längen. Diese sind mit einer Wachsschicht imprägniert und eignen sind hervorragend für den Bau verschiedener Nisthilfen. Hier sind der Fantasie keine Grenzen gesetzt.
In Dosen, Schubladen, kleinen Kistchen oder anderen Behältern lassen sich diese mit (Holz-)Leim so ankleben, dass das hintere Ende verschlossen wird und die Holz- oder Metallumrandung ausreichenden Schutz gegen Feuchtigkeit und Fressfeinde bietet. Idealerweise ergänzt man auch hier einen Drahtgitterschutz an der Frontseite.

Etwas aufwändiger, aber enorm wichtig sind künstliche Lehm- oder Lösswände. Natürliche Abbrüche werden in der freien Landschaft immer seltener und die darauf angewiesenen Bienen- und Wespenarten dadurch auch. Diesen Arten

Zwei angebohrte Sandsteinblöcke (auf einem Grundstein, der Abstand zum meist feuchten Boden schafft), links ein Hartholzblock.

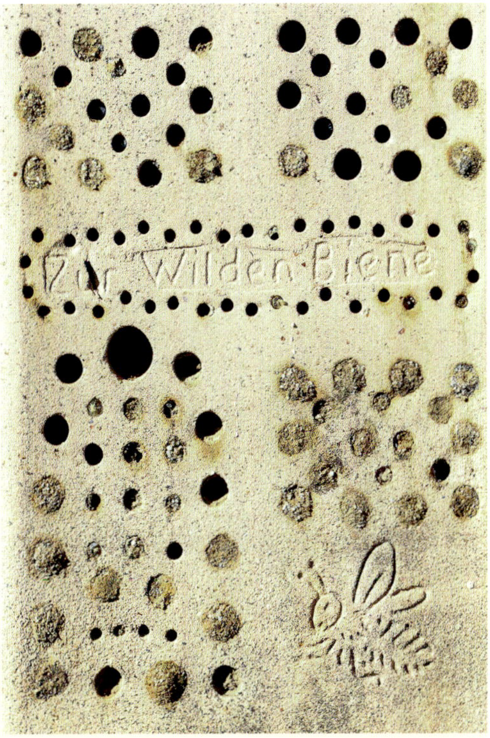

Nistblock aus Ton.

Vom Buntspecht seitlich aufgehackte Holunderstängel (Mitte und unten). Die Brut der Roten Mauerbiene (**Osmia bicornis**) wurde vollständig gefressen.

können zumindest ein wenig mit Nisthilfen unterstützt werden, wobei nochmals betont werden muss, dass der Verlust von Landschaftsstrukturen wie z. B. Uferabbrüchen niemals durch künstliche Nistangebote ausgeglichen werden kann.

Am einfachsten ist es, in entsprechenden Biotopen geeignetes Substrat (z. B. in Lössgebieten) zu entnehmen und in Holzkästen oder Pflanzsteinen verdichtet anzubieten. Dabei sollte genaustens darauf geachtet werden, eventuell schon vorhandene Nester nicht zu zerstören!

Wesentlich häufiger wird es aber nötig sein, das Substrat künstlicher Steilwände selbst zu mischen. Hier ist Experimentierfreude gefragt.

Bild einer Blechbüchse mit Pappröhrchen und Dachpappe (ohne Schutzgitter).

*Nisthilfe mit 500 Pappröhrchen und Drahtgitter, Massenschlupf der Gehörnten Mauerbiene **(Osmia cornuta)**.*

Gebündelte Schilfstängel.

Schilfstängel senkrecht auf Holzbrett geklebt.

Dürrer Brombeerstängel mit Nest einer Keulhornbiene.

Grundsätzlich ist mit Feinsand gemischter Feinlehm (Fachhandel für Fachwerkbau) empfehlenswert. Das optimale Mischungsverhältnis liegt nach Erfahrungen des Autors je nach Ausgangsmaterial zwischen 1:5 und 1:8 (z. B. ein Teil Lehm, acht Teile Sand).

! ***Näheres dazu unter „Schritt-für-Schritt-Anleitungen“.***

Wie schon erwähnt, nistet der größte Anteil der heimischen Wildbienenarten im Boden (z. B. alle Sandbienenarten), auch einige Wespenarten (z. B. Sandwespen) sind Bodennister.

*Frühlings-Pelzbiene (**Anthophora plumipes**) fliegt Nest in künstlicher Lehmwand an.*

Beneidenswert sind Gartenbesitzer, deren Grundstück in Sand- oder Lössgebieten mit lockeren Böden liegt. Sie brauchen weiter nichts zu tun, als einen Teil des Bodens vegetationsfrei bzw. vegetationsarm zu halten. Besonnte, regengeschützte Flächen sind besonders attraktiv für Bodennister, die hier oft große Nestansammlungen (Aggregationen) anlegen.

In Gebieten mit lehmigen, stark verdichteten oder felsigen Böden bauen nur vergleichsweise wenige Arten ihre Bodennester. An solchen Standorten kann die Anlage von Sandflächen (Sand-Lehmflächen) sinnvoll sein. Man sollte hier aber keine „Wunder“ erwarten, da sich typische „Sandarten“ weitab ihres natürlichen Verbreitungsareals eher selten einstellen werden. Trotzdem kann es sehr spannend sein, solche Flächen anzubieten und geduldig zu beobachten, ob sich bodennistende Arten ansiedeln.

Frische, künstliche Lehm-Steilwände (hier mit hohem Sandanteil) in viereckigen Pflanzsteinen, rechts mit Initialbohrungen, mit Plexiglas überdacht. Dieses liegt oben auf und ist mit einem großen Stein beschwert.

Neuanlage einer Fläche mit ungewaschenem Kabelsand, Feinlehm, einer Splitdrainage, Sandsteinblöcken und Strangpfalzziegeln (zur Anlage siehe Kapitel „Schritt-für-Schritt-Anleitung"). Nach drei Jahren nisteten hier u. a. ***Oxybelus uniglumis, Oxybelus bipunctatus, Amophila sabulosa, Andrena cineraria, Philantus triangulum*** *(diese Arten im Boden),* ***Osmia cornuta, Osmia bicornis, Osmia adunca, Megachile willughbiella*** *und* ***Heriades truncorum*** *(in Ziegeln und im Sandstein). Die Fläche ist heute etwa 50 % mit trockenliebenden Pflanzenarten bewachsen. Dieser Zustand wird durch die Entnahme von Pflanzen erhalten (ein vollständiges Zuwachsen wird also verhindert).*

*Auch die sehr seltene Bunte Wegwespe (**Cryptocheilus versicolor**) nutzt die Sandfläche im Garten des Verfassers (oben), um ihre Bodennester für die heranwachsende Brut mit Wolfsspinnen zu füllen, ein Beweis dafür, dass auch durchaus seltene Arten von Nisthilfen profitieren können (siehe auch S. 8).*

Nichts ist für immer – Lebensdauer von Insektennisthilfen

Nisthilfen sind in ihrer Lebensdauer begrenzt. Zum einen unterliegen Naturmaterialien wie Holz, Pflanzenstängel, Pappröhrchen oder Lehm natürlichen Verfallsprozessen, zum anderen benutzen Bienen- und Wespenarten unsere Nisthilfen zwar für mehrere Jahre, geben diese aber (abgesehen von Lehmwänden) nach ca. 5 bis 8 Jahren auf. Die genaue Ursache dafür ist nicht bekannt.

So ist regelmäßig zu beobachten, dass Hartholzblöcke trotz intakter, leerer Bohrgänge nicht mehr besiedelt werden. Diese Blöcke sollten dann entfernt und durch neue ersetzt werden. Gleiches gilt auch für Lehmwände, wobei der Autor hier deutlich längere Besiedlungsphasen von mehr als 10 Jahren beobachten konnte. Bei guter Besiedlung durch Steilwandbewohner sind diese „Lehmkästen" irgendwann von Nistgängen regelrecht durchlöchert, werden aber teilweise noch von „Nachmietern" genutzt, oft sind dies relativ anspruchslose Arten, die nicht typischerweise in Steilwänden nisten.

Daher sollten Nisthilfen nicht zu fest installiert werden (besonders in sogenannten „Insektenhotels"), damit sie zu gegebener Zeit einfach auszuwechseln sind.

Sind Nisthilfen augenscheinlich beschädigt, schimmelig, von Rissen durchsetzt (Holz) oder gespalten (Stängel), sollte man sie ebenfalls ersetzen bzw. den Standort kritisch hinterfragen, bevor man dort neue anbringt.

*Nistblock aus Hartholz mit Bohrgängen (6 mm bis 8 mm) Ein „Nachmieter" (**Heriades truncorum**, die Gemeine Löcherbiene) hat den Gang gereinigt und größere Mengen Pollen des Vormieters entfernt. Es ist erste Schimmelbildung erkennbar, da die Nisthilfe zu hoher Feuchtigkeit ausgesetzt ist. Ein Standortwechsel oder besserer Regenschutz ist hier notwendig.*

Bietet man dickere Äste oder gar Stämme für Arten an, die ins Totholz Nester nagen, wie z. B. die Blaue Holzbiene (*Xylocopa violacea*), sollten diese bis zum völligen Zerfall an Ort und Stelle verbleiben. Verschiedene Arten nutzen zum einen unterschiedliche Zerfallsstadien des Holzes, zum anderen beherbergt Totholz in allen Phasen der natürlichen Verrottung neben Bienen und Wespen tausende weitere Insektenarten wie Käfer, Spinnentiere und andere Gliederfüßer.

*Stamm eines Apfelbaums in der Zerfallsphase. Solche Strukturen sollten an Ort und Stelle verbleiben. Hier nisten seit Jahren gleich mehrere Paare der Blauen Holzbiene (**Xylocopa violacea**). Die Abbildungen zeigen männliche Tiere beim Bewachen der Nester.*

Materialien und Werkzeuge für den Nisthilfenbau

Nicht jeder, der sich eine Nisthilfe selbst bauen möchte, verfügt über eine Werkzeugsammlung oder gar eine eigene, gut ausgestattete Werkstatt. Dies ist auch nicht zwingend nötig, ein Minimum an Werkzeug reicht aus, um die meisten Nisthilfen für Bienen und Wespen fertigen zu können. Dazu gehören:

- Zollstock
- Bohrmaschine/Akkubohrer
- Akkuschrauber
- Kombizange
- Hammer

Eine feste, strapazierfähige Unterlage sollte beim Einsatz der Bohrmaschine und beim Hämmern vorhanden sein. Natürlich ist eine (kleine) Werkstatt mit entsprechender Werkzeugsammlung immer von Vorteil.

Mobile Werkbank aus Kunststoff mit diversen Werkzeugen und Maschinen.

Je nach Nisthilfentyp kommen verschiedene Werkzeuge (und Materialien) zum Einsatz. Die folgende Tabelle gibt einen groben Überblick.

Nisthilfe	Werkzeug	Materialien
Hartholzblock	Bohrmaschine, Holzbohrer von 3 mm – 10 mm, Schleifpapier (60er bis 100er Körnung), ggf. Lötkolben (Muster einbrennen), ggf. Heißklebepistole (Dachbefestigung)	Holzblock, (Plexiglas), 2 kleine Schrauben (Aufhängung), starker Blumendraht (Aufhängung), Heißkleber oder Silikon (Dachbefestigung)
Pappröhrchen gebündelt	Kombizange (Befestigung Aufhängung)	Blechbüchse, Dachpappe, (Holz-)Leim oder Silikon (Befestigung Röhrchen), starker Blumendraht (Aufhängung)
Pflanzenstängel	feine Säge oder sehr scharfes Messer (Zurechtschneiden der Stängel), Kombizange (Befestigung Aufhängung)	Blechbüchse oder Holzkästchen, Dachpappe, (Holz-)Leim oder Silikon (Befestigung Stängel), starker Blumendraht (Aufhängung)
Hummelkasten	(Kreis- oder Stich-)Säge, Hammer, Bohrmaschine, Lochbohrer (ca. 20 mm)	Holzbretter, Dachpappe, Holzleim, starker Draht (Aufhängung)
Künstliche Steilwände	Kelle, Fausthammer/Gummihammer	Kabelsand, Feinlehm (Fachwerkbau), Pflanzstein oder Holzkiste (Tiefe mindestens 20 cm), ggf. Plexiglas (Dach), Eimer (zum Mischen des Substrats), Wasser
Verschiedene Steine mit Bohrungen (Sandstein, Ziegelstein, Kalkstein, Beton...)	Bohrmaschine, Steinbohrer	Verschiedene, nicht zu große Steine (Gewicht beachten!), diese sollten gut zu tragen sein
Tonblöcke mit Löchern	Brennofen, verschiedene große Nägel, Inbusschlüssel oder Rundhölzer (zum Stechen der Löcher)	Tonmasse , eventuell Glasur
Sand-Lehmflächen	Spaten, Schaufel, Schubkarre	Kabelsand und Feinlehm oder natürlicher Lössboden
Strangfalzziegel	Bohrmaschine, Steinbohrer	Zement oder Polsterwolle/Watte (zum Verschluss der Niströhren hinten)
Hornissenkasten	Kreissäge, Handsäge (Fuchsschwanz, Japansäge), Hammer, Akkuschrauber, Cuttermesser, Bohrmaschine, Bohrer (2mm, 20mm)	Holz (Bretter, Latten, Vierkanthölzer), Holzleim, Schrauben (100 mm, 40 mm), Nägel (100 mm), Dachpappennägel, Dachpappe, Bootslack

Schritt-für-Schritt-Anleitung: Holzblock mit Löchern (lineare Nestanlage)

Benötigte Werkzeuge und Materialien:

Gut abgelagertes und unbehandeltes Holz, Bohrmaschine, Holzbohrer von 3 mm – 10 mm, Kombizange, Schleifpapier (60er bis 100er Körnung). Optional: verzinktes Drahtgitter, Dachpappe, Lötkolben (Muster einbrennen), ggf. Heißklebepistole (Dachbefestigung).

Schritt 1

Anbohren des Holzes quer zur Faser (nicht ins Stirnholz bohren!) im rechten Winkel. Wenn die Holzdicke es hergibt, sollte die volle Bohrerlänge genutzt werden (so tief wie möglich bohren).
Ideal ist eine Standbohrmaschine. Falls diese nicht vorhanden ist, kann natürlich auch eine (Akku-)Hand-Bohrmaschine benutzt werden.

Schritt 2

Um die Nisthilfe optisch aufzuwerten, kann man (mit einem Lötkolben) Bilder oder Muster einbrennen. Besonders beim Arbeiten mit größeren Kindern oder Jugendlichen bietet sich dies an und ist sehr beliebt.

Schritt 3

Wichtig ist das saubere Schleifen der Bohrränder. Es sollten keine Splinte oder Holzfasern ins Bohrloch ragen.

Schritt 4 (optional)

Im letzten Schritt kann ein (Plexi-)Glasdach angebracht werden. Dies sollte in jedem Fall bei Nisthilfen erfolgen, die nicht an großen vertikalen Flächen (Hauswänden etc.) angebracht werden, sondern relativ ungeschützt frei hängen oder stehen. Der Verfasser versieht nach Jahrzehnten des Experimentierens grundsätzlich alle Nisthilfen dieser Art mit einem (Plexi-)Glasdach (oder Dachpappe), auch solche, die an Wänden hängen.

Hier wurde das Plexiglasdach mit Heißkleber am Holzblock befestigt.

Schritt 5

Nun werden die Nisthilfen aufgehängt oder aufgestellt. Auf die idealen Standorte wurde bereits oben eingegangen (s. S. 14–16). In Gebieten mit hohen Verlustraten durch Vögel sollte zusätzlich ein Drahtgitter vor den Einfluglöchern angebracht werden (Abstand zu den Nesteingängen mindestens 5 cm).

Von Kindern gestaltete, freistehende Nisthilfe mit Plexiglasdach.

In diesem Kombi-Kasten wurden Hartholzblöcke wie in einem Fachwerk in einen Holzrahmen eingebaut. Der Draht schützt vor hungrigen Meisen und Spechten.

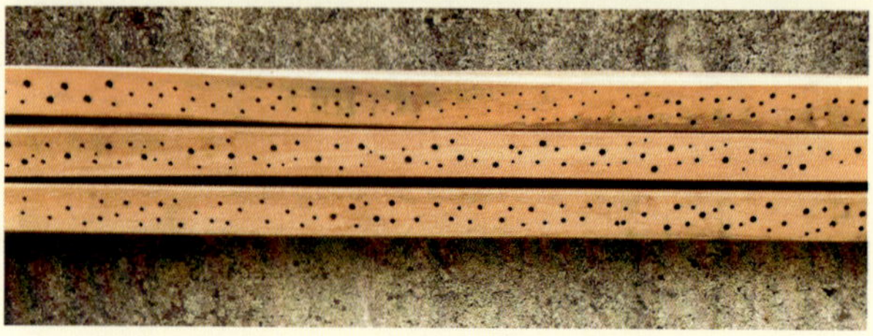

Drei neue Hartholznisthilfen an einer warmen Betonwand. Ein großes Plexiglasdach ist 20 cm oberhalb an der Wand angebracht.

Schritt-für-Schritt-Anleitung: Nisthilfen aus Pappröhrchen

Seit einigen Jahren sind im Handel speziell für diesen Zweck entwickelte Pappröhrchen mit einer Wachsbeschichtung zu bekommen. Diese sind grundsätzlich empfehlenswert, da mit ihnen sehr kreativ und effektiv gearbeitet werden kann.

Die Röhrchen werden sehr gut angenommen, das Material scheint vielen solitären Stechimmen zuzusagen. Ein Nachteil ist die eher geringe Haltbarkeit. Nässe und die „Bearbeitung" durch Vögel sind weitere Faktoren, die die Lebensdauer der Pappröhren verkürzen.
Die Vorteile überwiegen aber deutlich.

Benötigte Werkzeuge und Materialien:

Pappröhren unterschiedlichen Durchmessers (2 mm bis 10 mm), (Holz-)Leim, Blechdose; optional: Dachpappe, starker Blumendraht, Maschendraht, Cuttermesser, Beiß- oder Kombizange

Schritt 1
Nachdem man das Etikett von der Blechdose entfernt und diese gründlich ausgespült hat, gibt man so viel Holzleim auf den Dosenboden, bis dieser völlig vom Leim bedeckt ist.

Schritt 2
Nun bringt man die ersten Pappröhrchen ein. Es ist egal, ob man diese nach Durchmesser sortiert hat (wie auf der Abbildung) oder mischt.

Schritt 3
Man legt die Röhrchen eng an den Dosenrand an und drückt die Enden fest gegen den eingeleimten Dosenboden.

Schritt 4
Nun bringt man nach und nach weitere Pappröhrchen ein. Zur besseren Haltbarkeit kann man diese auch noch seitlich mit Leim versehen.

Schritt 5
Ist die Dose gefüllt, kann man ggf. weitere, kleine Pappröhrchen in eventuell noch vorhandene Lücken schieben.

Prinzipiell ist die Nisthilfe jetzt bereits einsatzfähig. An regenschützten Standorten ohne Feinddruck durch Vögel kann sie in dieser Ausführung angebracht werden.
Es ist trotzdem absolut empfehlenswert, die folgenden Arbeitsschritte noch auszuführen, weil die Nisthilfe dann für alle Situationen gerüstet ist.

Schritt 6
Als nächstes schneidet man mit dem Cuttermesser ein Stück Dachpappe zurecht.

Schritt 7

Nun wird die Dachpappe mit Hilfe eines Drahtes am hinteren Ende der Nisthilfe „festgerötelt“ (Röteldraht ist ein spezieller Draht zum Festdrehen/Verbinden von Teilen). Dabei sollte man auch gleich die Vorrichtung für die Aufhängung anbringen.

Schritt 8

In gleicher Weise befestigt man einen zweiten Draht in der Mitte der Nisthilfe, diesen verdreht man aber an der Unterseite (am Stoß der Dachpappe)

Schritt 9

Zum Schutz vor „räuberischen“ Vögeln sollten die Nesteingänge mit stabilem Draht (Maschendurchmesser mindestens 1 cm) versehen werden.
Zunächst schneidet man ein viereckiges Stück Draht aus.

Schritt 10

Der Draht wird nun vorsichtig an die (runde) Form der Nisthilfe angepasst. Dazu biegt man ihn in die entsprechende Richtung und schneidet ggf. einige Stellen vom Rand her ein. Am Ende befestigt man das Gitter mit einem weiteren Draht (alternativ kann der Draht auch mit Heißkleber befestigt werden).

Schritt 11

Im letzten Arbeitsschritt fügt man nun die Schraube zur Befestigung an einer Wand in die Drahtöse ein. Durch mehrfaches Verdrehen kann die Schraube gut am Draht befestigt werden.

Fast vollständig besetzte Nisthilfe. Für das Foto wurde der Drahtschutz entfernt.

Nun kann die fertige Nisthilfe zum Beispiel an einer Holzwand aufgehängt werden.

Schritt-für-Schritt-Anleitung: Nisthilfen aus Schilfhalmen

Nisthilfen aus Schilfhalmen sind eine preisgünstige Alternative zu denen aus Pappröhrchen, da die Halme im Herbst oder Winter selbst „geerntet“ werden können. Sie sind aber auch fertig geschnitten günstig zu bekommen. Beim Zurechtschneiden sollten ein sehr scharfes Messer oder eine feine Laubsäge benutzt werden, um einen glatten Schnitt zu gewährleisten. Hilfreich ist es, das Schilf vorher eine Nacht lang in Wasser zu legen.

Im gezeigten Beispiel wurden Schilfstängel fertig geschnitten (12 cm lang) verarbeitet. Die Nisthilfe wurde in Dreiecksform gestaltet, es sind aber auch viele anderen Formen möglich (z. B. mehreckig, rund). Bei der Dreiecksform läuft Regenwasser am besten ab, daher wurde diese hier bevorzugt. Die Größe der Nisthilfe ist ebenso variabel und richtet sich nach dem vorhandenem Material und dem Platz am Aufhängort.

Benötigte Werkzeuge und Materialien:

Schilfstängel (unterschiedliche Durchmesser, zwischen 9 cm und 15 cm lang), (Sperr-)Holz (1 Meter lang, 15 cm bis 20 cm breit, ca. 1 mm bis 2 mm dick) für Seitenwände, Holz für Rückwand und Boden (ca. 50 cm x 25 cm, ca. 2 cm dick), Dachpappe, kurze Schrauben oder Dachpappennägel (0,5 cm lang), Schrauben (ca. 2 cm lang), Holzleim (wasserfest), eine Ösenschraube (Aufhängung)

Schritt 1
Die (hier dreieckige) Rückwand wird aufgezeichnet und anschließend ausgesägt.

Schritt 2
Der Boden wird ausgesägt (Länge entspricht der Basislänge der Rückwand) und mit der Rückwand verleimt und verschraubt.

Die Seiten der Bodenplatte wurden hier mit einem Hobel angeschrägt, um die Seitenwände bündig anfügen zu können.

Schritt 3
Die Seitenteile (Sperrholz) werden zurechtgesägt. Ihre Breite überragt die Breite des Bodens um mindestens 5 cm, um den Regenschutz zu optimieren.

Schritt 4
Die Seitenteile werden mit Boden und Rückwand verleimt und verschraubt.

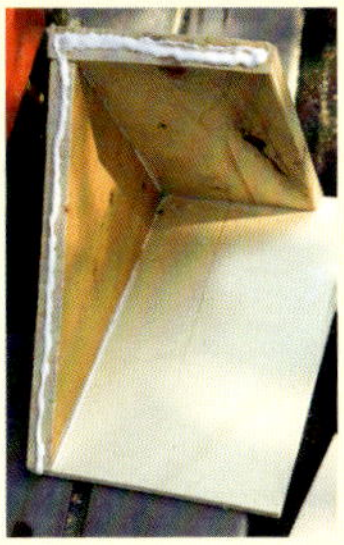

Schritt 5
Ein Klebestreifen fixiert die Dachspitze bis zur Trocknung des Holzleims.

Schritt 6 (optional)
Die Nisthilfe wird geflämmt, um eine längere Haltbarkeit des Holzes zu erreichen und es optisch zu verschönern.

Schritt 7
Ein Stück Dachpappe wird so zurechtgeschnitten, dass es die Nisthilfe in der hier gezeigten Form bedeckt. Mit kurzen Schrauben wird es am Holz fixiert.

Schritt 8
Die Innenseite der Nisthilfe kann nun mit Holzleim bestrichen werden, um die Stängel an der Rückwand fixieren zu können. Nun füllt man die Schilfstängel ein und drückt sie fest gegen die Rückwand. Eventuelle Lücken zwischen den Stängeln füllt man mit weiteren, im Durchmesser passenden Schilfstängeln. Am Ende ist die gesamte Nisthilfe prall gefüllt.

Schritt 9
Da dieser Nisthilfentyp sehr gerne von Vögeln „ausgeräumt" wird, sollte man die Front mit Maschendraht schützen.

Der Draht wird in Form geschnitten, an den Seiten um 90 Grad gebogen und anschließend zwischen Dach und Dachpappe geschoben. So ist er leicht herausnehmbar, um ggf. Stängel ersetzen oder ohne Gitter fotografieren zu können.

Schritt 10
Die Aufhängungsöse wird eingedreht.

Schritt 11
Die Nisthilfe wird an geeigneter Stelle (wind- und regengeschützt, sonnig) aufgehängt.

Schritt-für-Schritt-Anleitung: Tonblock mit Löchern (lineare Nestanlage)

Benötigte Werkzeuge und Materialien:

Tonmasse, Nägel, Inbusschlüssel oder ähnliche Hilfsmittel zum Stechen der Löcher (auch Bleistifte oder andere Rundhölzer sind geeignet)

Schritt 1

Der Tonblock kann geglättet werden (Ton mit etwas Wasser anfeuchten) oder wie hier absichtlich eine raue, zerfurchte Oberfläche aufweisen. Unbedingt ist darauf zu achten, dass keine Luftblasen in der Tonmasse verbleiben, die später beim Brennen zu kleinen Explosionen führen und die Nisthilfe beschädigen können. Dazu sollte man den Ton gut durchkneten.

Natürlich muss nicht eine rechteckige Form gewählt werden, der Tonblock kann in jede gewünschte Form gebracht werden. Eine Tiefe von 15 cm sollte veranschlagt werden, um Lochtiefen von 12 cm zu ermöglichen.

Schritt 2

Nun sticht man Löcher mit verschiedenen Durchmessern und Tiefen in den Ton. Mit diesen Löchern kann man Muster, Schriftzüge oder Bilder gestalten. Im abgebildeten Beispiel wurden die Löcher unspezifisch verteilt.

Auch ein Inbusschlüssel kann zum Stechen der Löcher benutzt werden, diesen dreht man beim Herausziehen, um eine glatte, runde Loch-Form zu bekommen.

Schritt 3
Den fertigen Tonblock lässt man mindestens drei Wochen bei Zimmertemperatur trocknen. In dieser Zeit kann man die Lochränder glätten oder Muster (Bilder, Schriftzüge) einritzen.

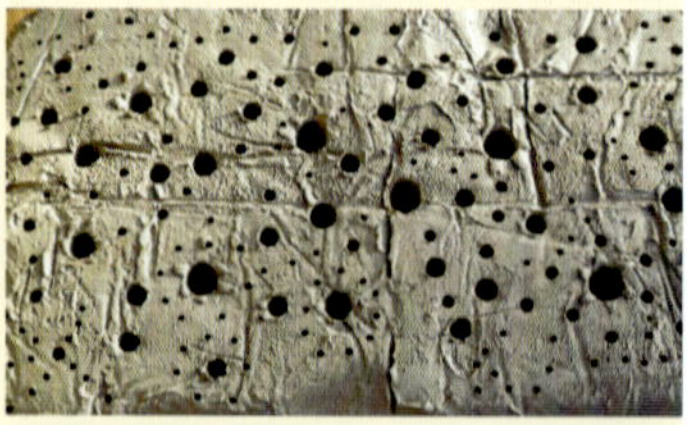

Schritt 4
Der getrocknete Block wird nun gebrannt. Je nach Tonsorte und Größe variieren die Brenntemperatur und -dauer.

Vorsichtig wird der getrocknete Block in den Brennofen gelegt.

Schritt 5
Der einmal gebrannte Block kann glasiert und abermals gebrannt werden. Dies schützt die Nisthilfe vor Feuchtigkeit und reduziert die Gefahr des Auffrierens im Winter, falls Frost in Kombination mit Feuchtigkeit auf den Nistblock einwirkt. Allerdings besteht die Gefahr, dass die Glasur in die Bohrlöcher läuft und diese verstopft! Daher darf die Glasur im Bereich der Löcher nur vorsichtig und nicht zu dick mit einem feinen Pinsel aufgetragen werden.

Tonblock im Brennofen.

Positioniert man den Tonblock geschützt vor Feuchtigkeit, z. B. unter einem Dach (evtl. zusätzlich mit einem Glasdach), kann er dort auch ohne Glasur und Zweitbrand einige Jahre überdauern.

Fertig gebrannte Ton-Nisthilfe, bereits nach wenigen Tagen bezogen.

Schritt-für-Schritt-Anleitung: Lehm-Sand-Steilwand

Eine nicht zu unterschätzende Zahl von Bienen- und Wespenarten ist auf das Nisten in Steilwänden spezialisiert. Sie graben dort ihre Nistgänge in den nicht zu harten und nicht zu instabilen Lehm oder Löss. Solche Landschaftsstrukturen finden sich an unverbauten Flussufern, in Hohlwegen, Sandgruben, an Waldrändern oder Wegböschungen.

Solche Biotope verschwinden in besorgniserregendem Tempo und bedürfen strengen Schutzes, da neben Hautflüglern auch Vogelarten, wie z. B. der Bienenfresser, auf diese Steilwände angewiesen sind.

Im Kleinen kann mit Nisthilfen versucht werden, solche Steilwände zu imitieren. Stimmen die Mischung des Substrates und der Standort, können im Garten Arten wie die Schornsteinwespe, die Frühlings-Pelzbiene, die Vierbindige Furchenbiene oder die Blauschillernde Sandbiene in Nisthilfen angesiedelt werden.

Da das Gewicht solcher künstlichen Steilwände relativ hoch ist, sollte eine Größe von 40 cm x 30 cm x 15 cm nicht wesentlich überschritten werden (etwa 30 kg). Alternativ kann die Nisthilfe direkt am Aufstellort gebaut werden.

Benötigte Werkzeuge und Materialien:

Fausthammer oder Vierkantholz (Festklopfen des Substrats), Gartenschaufel (Mischen des Substrats), Bohrer/Rundhölzer (Initialbohrungen), Eimer, Kabelsand, Feinlehm, Wasser.

Materialien und Werkzeuge zum Bau einer Niststeilwand aus Lehm und Sand. Bohrer/Rundhölzer und Wasserschlauch sind nicht abgebildet.

Schritt 1
Zunächst benötigt man eine „Form", in welche man das Substrat einbringen möchte. Wie schon beschrieben, kann dies eine Holzkiste, eine alte Schublade, ein Pflanzstein, eine Schüssel, ein großer Blumentopf oder Ähnliches sein.

Im gezeigten Beispiel wird eine Holzkiste mit den Maßen 30 cm x 40 cm x 15 cm benutzt.

Schritt 2
Nun bringt man in einen Eimer den Sand und den Lehm ein und vermischt sie miteinander (Verhältnis 6:1 hat sich bewährt). Je besser die beiden Substrate gemischt werden, desto homogener wird die Masse, was vorteilhaft für die Stabilität und Lebensdauer der Nistwand ist.

Schritt 3
Nun gibt man eine geringe Menge Wasser dazu. Die Substratmasse darf nicht zu nass werden, da sie sonst bei der Trocknung zum Reißen neigt. Das Substrat sollte noch krümelig zwischen den Fingern zerfallen.

Schritt 4
Das Gemisch wird nun in den vorbereiteten Behälter (hier die Holzkiste) eingebracht.

Schritt 5

Mit dem Fausthammer (oder einem Vierkantholz) wird nun der Lehm-Sand-Brei auf einer Seite des Behälters vorsichtig verdichtet. Hierbei sollte man sich Zeit lassen und sorgfältig arbeiten, da der richtige Grad der Verdichtung entscheidend für den späteren Besiedlungserfolg ist. Die eingebrachte Schicht sollte nicht stärker als etwa 6 cm sein. So lässt sich eine gleichmäßige Verdichtung des Substrats erreichen.

Die Abbildung links zeigt den begonnenen Verdichtungsprozess. Deutlich sind noch Risse, Lücken und andere Unregelmäßigkeiten im Substrat erkennbar. Diese werden durch vorsichtiges Klopfen mit dem Fausthammer beseitigt. Mit der Hand können außerdem die Ecken gefüllt und geglättet werden. Rechts ist die fertig verdichtete Masse zu sehen.

Schritt 6

Schicht für Schicht wird nun das Sand-Lehm-Gemisch weiter eingebracht und verdichtet, bis das Behältnis kurz unter den Rand gefüllt ist.

Am Schluss kann man die Lehm-Fläche mit der Hand oder einer Kelle glatt verstreichen und den Holzkasten flämmen.

Schritt 7

Nun lässt man das Substrat 3 bis 4 Wochen lang langsam im Schatten trocknen.

Schritt 8

Da viele steilwandnistende Arten geradezu magisch von Löchern in Steilwänden angezogen werden, sollte man nun einige Initialbohrungen (ca. 2 cm tief, ca. 10 mm Durchmesser) vornehmen. Dabei kann man außerdem die Festigkeit des Substrats testen. Das Eindrehen eines 10er-Stein-Bohrers mit der Hand sollte ohne großen Kraftaufwand möglich sein.

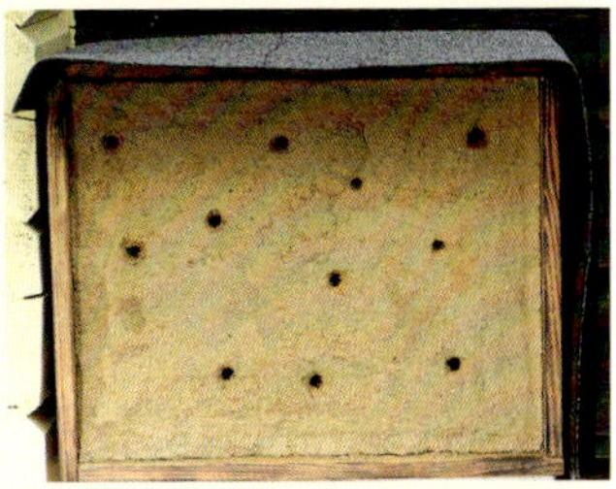

Fertige Nistwand mit Abdeckung aus Dachpappe und Initialbohrungen.

Schritt-für-Schritt-Anleitung: Sand-Kies-Flächen für Bodennister

Diese etwas aufwändigere Art der „Nisthilfe“ lohnt sich besonders in Gebieten, in denen stark verdichtete Böden oder solche mit starkem Bewuchs vorherrschen. Wie schon erwähnt, darf man aber keine „Wunder“ erwarten, was die Nutzung dieser Anlagen durch Wespen und Bienen betrifft. In Regionen, die weitab von Sand-- oder Lössgebieten liegen, wird selten eine typische Art dieser Lebensräume auftauchen.

Allerdings gibt es Arten, die auch in suboptimalen Lebensräumen Fuß fassen und selbst erstaunlicherweise auf kleinsten Flächen (wie z. B. auf Sandhaufen in Baugebieten) erscheinen und sich hier fortpflanzen. Bestes Beispiel dafür ist die Fliegenspießwespe *Oxybelus uniglumis* (siehe Artbeschreibungen).

Darüber hinaus gibt es Arten, die sowohl lehmige als auch sandig-steinige Böden besiedeln. Einige Sandbienenarten (*Andrena*) sind flexibel, was den Bodengrund angeht, er muss allerdings grabfähig sein und für die meisten Arten lückigen Bewuchs aufweisen. Diese Bedingungen findet man im „gewöhnlichen“ Garten eher selten, zumal hier oftmals offene Böden (Beete) umgegraben oder geharkt werden, was für Bodennester natürlich fatale Folgen hat.
Das Mikroklima der Sand-Kies-Flächen ist – im Gegensatz zum gemeinen Blumenbeet – warm und trocken, was den meisten Hautflüglern sehr entgegenkommt.

Aus den genannten Gründen ist es auf jeden Fall interessant und lohnend, sandig-steinige (auch sandig-lehmige) Bereiche im Garten zu schaffen und weitgehend vegetationsfrei zu halten. Je größer diese Flächen sind, desto besser! Aber auch bereits wenige Quadratmeter können Bodennister anlocken.

***Andrena haemorrhoa**, die rotfransige Sandbiene, ist häufig und anspruchslos, was die Bodenbeschaffenheit und den Vegetationsgrad angeht. Sie nistet selbst in dichter Vegetation wie in Wiesen oder auf Rasenflächen. Auf sandigen Flächen findet sie sich genau so gerne ein und ist hier gut beim Nestbau zu beobachten.*

Benötigte Werkzeuge und Materialien:

Verschiedene Sande, besonders bewährt hat sich „Kabelsand"; Grobschotter (Drainage); kleine bis mittelgroße (große), lokale vorkommende Steine (Umrandung, Steinhaufen, kleine Mauern); Mörtel, ggf. Feinlehm (Erhöhung der Bindigkeit des Sandes), Spaten, Schaufel, Schubkarre.

Schritt 1

Standort aussuchen. Da diese besondere Art der Nisthilfe nicht „bewegt" werden kann, muss sie am gewählten Standort verbleiben, daher sollte dieser mit Bedacht gewählt werden.

Grundsätzlich sollte der Standort langanhaltender Sonneneinstrahlung ausgesetzt sein. Mindestens 4 bis 5 Stunden täglich, besser länger, soll wenig Schatten auf den Standort fallen. Das kommt sowohl den Insekten als auch den typischen Pflanzen trockenheißer Standorte zugute, die sich auf den Flächen einfinden sollen.

Die Neigung der „Nistanlage" kann eben bis steil sein, bei Hanglagen bietet sich eine Südlage (Südostlage) an. Ein Windschutz am Nordende (Gebäude, Steinmauer, hohe Vegetation) wirkt sich positiv auf das Kleinklima der Fläche aus. Sand-Kies-Flächen an besonnten Südwänden von Häusern unter Dachüberständen (Regenschutz) sind besonders effektiv.

Schritt 2

Ist der Standort gewählt, beginnt man mit dem (Erd-)Aushub. Bei stark verdichteten Böden empfiehlt sich eine Drainage aus Grobschotter (15 cm – 20 cm). Bei solchen Anlagen sollte die Aushubtiefe mindestens 35 cm betragen.

Kleine Anlage (3,5 Quadratmeter) in Kombination mit oberirdischen Nisthilfen aus Sandstein und Ziegeln. Schritt 3 wurde hier bereits ausgeführt (Abgrenzung mit Basaltsteinen und Mörtel).

Schritt 3 (optional)
Es empfiehlt sich in vielen Fällen, den Sand-Kies-Bereich gegen den umgebenden Boden abzugrenzen, um ein (schnelles) Zuwachsen ober- und unterirdisch (Wurzeln von Gräsern) zu verhindern. Dies kann mit Randsteinen oder wie im abgebildeten Beispiel mit flachen Natursteinen geschehen, die ca. 25 cm tief gesetzt werden und nur schwer von Wurzelwerk durchdrungen werden können. Die Verbindung der Steine mit Mörtel ergibt eine gute Barriere gegen unerwünschte Wildkräuter bzw. Gras.

Schritt 4
Nun wird die Drainage in Form von Grobschotter eingebracht.

Das Bild zeigt die Anlage einer großen Fläche für Bodennister an einem öffentlichen Gebäude (ca. 100 Quadratmeter). Das Gebäude steht am Nordrand der Anlage und schafft mit seinem überhängenden Vorsprung (Regenschutz) ideale Bedingungen.

Mit großen Steinen wurde die Fläche „eingerahmt“ und gegen das umliegende Gelände abgegrenzt.

Schritt 5
Einbringen des Sandes/des Sand-Lehm-Gemisches/des Sand-Kies-Gemisches.

Um unterschiedliche Bodenverhältnisse zu schaffen (bei genügendem Platzangebot), ist es günstig, verschiedene Sande anzubieten (von fein bis grob) bzw. diese mit Lehm oder feinem Kies zu mischen.

Der Sand (Kabelsand) wurde eingebracht, an einigen Stellen mit Feinlehm gemischt (Verhältnis 7:1).

Schritt 6 (optional)
Man kann abschließend einzelne gute Nahrungs-Pflanzen setzten, um gleichzeitig das Nektar-Pollen-Angebot zu erhöhen und halboffene Bodenverhältnisse zu schaffen, die von vielen Arten bevorzugt werden. Ein komplettes Zuwachsen der Fläche sollte in den Folgejahren durch regelmäßiges Entfernen oder Ausdünnen der Vegetation verhindert werden.

Nest einer Furchenbiene im halboffenen Sandboden.

Sand-Kiesfläche im dritten Jahr. Sehr schöner Blühaspekt, der Boden ist allerdings zu 90 % bewachsen. Spätestens jetzt sollte ca. die Hälfte der Pflanzendecke entfernt werden.

Schritt 7 (optional)
Liegt die Fläche ungeschützt im Garten, kann man sie teilweise oder ganz mit (Plexi-)Glas überdachen, um sie vor Regen und Wind zu schützen. Wie auf dem Bild gezeigt, wurde in diesem Fall durch entsprechenden Steinaufbau und ein Glasdach ein trockenheißer Bereich geschaffen, der nur spärliche Vegetation aufweist.

Schritt-für-Schritt-Anleitung: Hummelkasten

Zu unseren größten Wildbienen gehören die staatenbildenden Hummeln. Bedingt durch ihre Größe und den dichten Pelz sind Hummeln in der Lage, auch bei niedrigen Temperaturen zu fliegen und wichtige Bestäubungsarbeit an Kultur- und Wildpflanzen zu leisten, wenn andere Bienenarten wegen der Kälte inaktiv sind. Längst haben Gartenbetriebe sowie Obst- und Gemüsebauern den Wert von Hummelvölkern als Bestäuber erkannt und setzen Hummelkästen innerhalb und außerhalb von Gewächshäusern ein.

In der offenen Landschaft leiden Hummeln, genauso wie andere Hautflügler, oft unter Wohnungs- und Nahrungsnot. Der Verlust von Blühpflanzen, das Verschwinden von Steinhaufen und -mauern, Hecken, Feldrainen und anderen strukturierenden Elemente in der offenen Landschaft

Steinhummel an Skabiose. Die Art kommt gut in (größeren) Nistkästen zurecht und bildet hier große Völker mit bis zu 300 Individuen.

sowie intensiver Insektizideinsatz tragen ihren Teil zum Rückgang der Hummelarten bei.

Dabei brauchen Hummeln nicht viel für ein erfolgreiches Leben: Tracht-Pflanzen, eine giftfreie Umgebung sowie Neststandorte in Form von Mäusenestern, Steinhaufen oder Lesesteinwällen, oberirische Hohlräume wie hohle Bäume oder Schuppen, Ställe oder Strohballen im Siedlungsbereich.

Die im zeitigen Frühjahr aus der Überwinterung kommenden Königinnen tanken zunächst Nektar und gehen dann auf Wohnungssuche. In dieser Phase sieht man sie häufig flach über dem Boden im langsamen Suchflug umherfliegen. Dabei werden alle möglichen potenziellen Nistplätze geprüft. In dieser Phase sollte man versuchen, Königinnen einzufangen und in vorbereitete Nistkästen einzusetzen. Denn eine Selbstbesiedlung der Kästen durch Hummelköniginnen ist eher selten. Das mag ein wenig enttäuschen, dennoch macht es Sinn, Nistkästen zu bauen und bei der Besiedlung etwas nachzuhelfen.

Dazu setzt man das gefangene Tier (gut geht dies mit im Handel erhältlichen Insektenfängern) vorsichtig durch den geöffneten Vorbau des Kastens in die Pappröhre (Gang) und verschließt diese für wenige Minuten mit Watte oder Moos. Im Idealfall kriecht die Jungkönigin dann ins Kasteninnere und inspiziert dieses. Bleibt das Tier nach Öffnung des Ganges dann noch länger als etwa eine Minute „freiwillig" im Kasten, hat es diesen höchstwahrscheinlich angenommen. Fliegt es aber sofort nach der Öffnung schnell aus, sagt ihm der Nistplatz offenbar nicht zu. Auf keinen Fall sollte man diese Hummel dann nochmals fangen. Auch bereits pollenbeladene Königinnen sollten niemals gefangen und in Kästen eingesetzt werden, da diese bereits einen Neststandort gewählt haben. Hat eine Königin den Kasten angenommen, so kommt sie zunächst in unregelmäßigen Abständen zum Kasten und trägt Pollen ein, nachdem sie erste Brutzellen gebaut hat. In dieser Phase bleibt die große Tür geöffnet und die Hummel fliegt durch diese ein und aus. Hat man dieses Verhalten 2–3 Tage lang beobachtet, erfolgt ein wichtiger Handlungsschritt. Ist die Königin zum Übernachten abends in den Kasten eingeflogen, verschließt man die große Tür des Vorbaus vollständig (Unbedingt sicherstellen, dass die Hummel auch im Kasten ist!). Am nächsten Morgen findet die Königin zwar den bisherigen Ein- und Ausflug verschlossen vor, entdeckt aber bald den Tunnel als alternativen Ausgang. In der Regel kreist sie dann im Flug einige Male umher, um sich den neuen Nestzugang einzuprägen. Fliegt sie nun bald pollenbeladen den neuen Eingang (Tunnel) an, haben wir erfolgreich alles für eine Staatenbildung und den Schutz vor Wachsmotten getan.

Es gibt viele verschiedene Varianten von Hummel-Nistkästen. Besonders bei der Konstruktion des Vorbaus und der Abwehr von Wachsmotten hat es in den letzten Jahren interessante Neuerungen gegeben. Im unten gezeigten Beispiel wurde ein Vorbau gewählt, der sich in der Praxis als relativ sicher gegen Wachsmotten erwiesen hat (eine völlige Sicherheit bietet er nicht). Aufwand und Effektivität stehen hier jedoch in einem angemessenen Verhältnis zueinander, sodass diese Variante empfohlen werden kann.

Der Brutraum selbst besteht aus einer Pappkiste oder einem rechteckigen Behälter aus Hartschaumplatten/Styrodur, der mit grobem Rindenmulch oder Laub, Sägespänen und unbehandelter Polsterwolle gefüllt ist (Details findet man unter www.wildbienenschutz.de/huschutz.htm, Hummelnistkästen, Nistmaterial). Diese Kiste steht entweder auf Holzfüßen, um Abstand zum Kastenboden zu haben, oder auf einer etwa 10 cm hohen Schicht aus Hobelspänen. Zwischen Vorbau und Brutraum verläuft leicht abwärts eine Pappröhre (auch Kunststoff ist möglich). Im Inneren des Kartons wird auf einem Unterbau (Rindenmulch, Hobelspäne) aus unbehandelter Polsterwolle ein Nest geformt und mit einem kleineren, unten offenen Karton von oben abgedeckt. Die Röhre führt vom Eingang des Kastens durch die beiden Wände der Kisten bis zum Polsterwollen-Nest. Die beiden inneren Kisten werden zur Belüftung mit Löchern von ca. 1 cm Durchmesser versehen. Der gesamte Kastenaufbau imitiert ein Mäusenest mit Gang und Nestkammer.

Die Benutzung von Hartschaumplatten/Styrodur für die beiden inneren Kisten hat mehrere Vorteile. Zum einen sind die Kisten mehrere Jahre lang verwendbar (Pappkartons halten nur eine Saison und sollten dann entsorgt werden), zum anderen ist die Dämmwirkung ungleich größer, was zu einem ausgeglicheneren Kleinklima führt. Aus Sicht des Umweltschutzes sind Pappkartons allerdings vorzuziehen.

Auch bei diesem Nistkastentyp kann man – wie bei anderen auch – mit elektrischen Maschinen oder Handwerkzeugen arbeiten, je nach Vorliebe oder dem Vorhandensein der Gerätschaften.

Benötigte Werkzeuge und Materialien:

- 5 Bretter (Boden, Seiten, Rückwand und Front) von ca. 40 cm x 35 cm, ca. 2 cm stark
- ein Brett von ca. 50 cm x 60 cm (Dach), ca. 2cm stark
- ein Brett ca. 40 cm x 6 cm (Vorbau)
- ein Brett ca. 28 cm x 3 cm (Tunnel)
- Dachpappe, Dachpappennägel
- Nägel oder Schrauben (ca. 4 cm – 5 cm lang)
- Holzleim
- Heißkleber
- Alu-Zierlochblech oder Fliegendraht
- Styrodurplatten (ca. 1 Quadratmeter, Dicke ca. 2 cm)

Alternativ:

- ein Pappkarton (ca. 25 cm x 25 cm bis 30 cm x 30 cm)
- ein weiterer, kleinerer Karton (ca. 20 cm x 20 cm x 20 cm)
- eine Papprühre (ca. 10 cm lang, Durchmesser 2 cm– 2,5 cm, kann leicht aus Plakatkarton, welcher aufgerollt wird, hergestellt werden)
- unbehandelte Polsterwolle (ca. 2 Hände voll)
- Rindenmulch und Hobelspäne/Kleintierstreu (Bedeckung des Bodens ca. 10 cm hoch)
- 4 (Back-)Steine, auf die der fertige Kasten gestellt wird (Abstand zum Boden als Schutz vor Feuchtigkeit und Schimmelbildung)
- Kreis- oder Stichsäge (Fuchsschwanz oder Japansäge), Hammer, Bohrmaschine, Bohrer (1 mm, 15 mm bis 18 mm, 20 mm bis 25 mm)
- „Unkrautbrenner/Holzflämmer", alternativ eine Außenfarbe oder Lasur (auf den Umweltengel achten!)

Schritt 1
Sägen der Bretter für Boden und Seitenwände.

Schritt 2

Zusammenfügen der 5 Bretter mit Holzleim und Schrauben. Die Schraublöcher sollten vorgebohrt werden.

Das Verleimen der Bretter gewährleistet, dass später keine Feuchtigkeit oder Parasiten ins Kasteninnere vordringen können.

Die Stöße im Kasteninneren sollten zusätzlich mit Holzleim abgedichtet werden.

Boden und Seiten sind zusammengefügt und mit Holzleim abgedichtet.

Außenansicht des Kastens

Schritt 3

Anzeichnen und Bohren des Einfluglochs (2 cm bis 2,5 cm Durchmesser). Es wird mittig etwas oberhalb der halben Kastenhöhe gebohrt. Der Bohrer wird leicht schräg angesetzt, damit die eingesteckte Papprőhre später abwärtsführt.

Hier wurde ein Bohrer mit 25 mm Durchmesser benutzt. Das Bohrloch zeigt leicht schräg nach unten (Richtung Kastenboden).

Schritt 4
Bau und Einbau der Pappröhre, die den Gang zum Nest bildet.

Pappkarton (hier grün), Schere und transparentes Klebeband sowie ein Zollstock oder Lineal braucht man zum Bau der Pappröhre.

Unterschiedliche Hummelarten bevorzugen unterschiedliche lange Gänge zu ihrem Nest. Von 5 cm bis zu 25 cm (in einigen Fällen noch deutlich länger) kann die Pappröhre lang sein. Die relativ geringe Tiefe des Kastens setzt hier natürlich Grenzen. Im gezeigten Beispiel hat der Karton eine Länge von 10 cm, eine Breite von 20 cm.
Die Pappröhre hat mit 10 cm Länge eine durchschnittliche Größe und dürfte für viele Arten annehmbar sein.

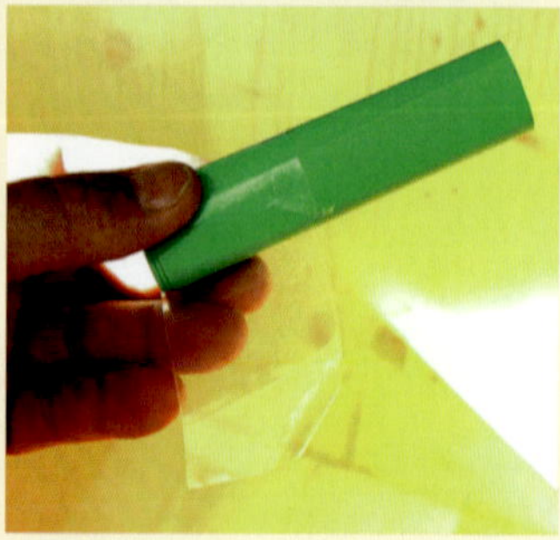

Das rechteckige Stück Plakatkarton wird nun zu einer Röhre aufgerollt, im Durchmesser angepasst und mit Klebeband fixiert.

Nun steckt man den fertigen „Gang“ in das Einflugloch. Ähnlich einem Mäusegang, fällt er nach unten ab.

Schritt 5
Hat man sich für das Flämmen des Nistkastens entschieden (alternativ wäre das Streichen), so flämmt man nun alle Seiten von innen und außen.

Schritt 6

Bohren und Sichern der Lüftungslöcher.

Um Stauhitze, zu hohe Trockenheit oder gar Nässe zu vermeiden, welche das Hummelnest gefährden würden, ist es ratsam, Lüftungslöcher in die Seitenwände des Hummelkastens zu bohren und gegen Wachsmotten mit Gaze oder Alulochblech (1 mm Lochdurchmesser) abzudichten.

Alu-Lochblech lässt sich leicht mit einer scharfen Beißzange zurechtschneiden.

Im gezeigten Beispiel wird mit einem Bohrerdurchmesser von 16 mm gearbeitet.

Das Lochblech wird mit Heißkleber von innen vor die Lüftungslöcher geklebt. Auf Dichtigkeit ist unbedingt zu achten.

Auf der gegenüberliegenden Seite sind die Lüftungslöcher auf mittlerer Höhe angebracht, um einen optimalen Luftaustausch zu gewährleisten.

Schritt 7

Anfertigen des größeren Innenkastens aus Styrodur.

6 Platten werden aus Styrodur zurechtgesägt oder geschnitten (Japansäge oder scharfes Messer). Die Außenmaße des Styrodurkastens sind um 5 cm kleiner als die Innenmaße des Holzkastens. Im gezeigten Beispiel hat der Holzkasten die Innenmaße 40 cm x 30 cmx 33 cm (Länge x Breite x Höhe).

Der Styrodurkasten hat demnach die Außenmaße 35 cm x 25 cm x 28 cm (Länge x Breite x Höhe).

Styrodur ist federleicht und sehr einfach zu bearbeiten. Zudem weist es hervorragende Dämmeigenschaften gegen Hitze und Kälte auf. Mit Heißkleber oder Silikon werden die Platten zu einem Kasten verbunden.

Schritt 8
Der Styrodurkasten wird bündig an die Vorderwand des Holzkastens gesetzt, die Zwischenräume zwischen Holz- und Styrodurwand werden etwa 15 cm hoch mit Hobelspänen gefüllt. Dadurch wird der Innenkasten fixiert und zusätzlich gedämmt. Dann wird der Innenraum des Styrodurkastens etwa zu einem Viertel mit Hobelspänen gefüllt.

Schritt 9
Zur Durchlüftung des Kasteninneren und der Vermeidung von Schimmelbildung wird der innere Kasten mit 30 bis 40 Luftlöchern versehen (Bohrungen von 8 mm Durchmesser).

Schritt 10
Nun wird das im Holzkasten bereits vorhandene Einflugloch mit dem entsprechenden Bohrer weiter durch die Wand des Styrodurkastens gebohrt, anschließend die Papppröhre wieder hineingesteckt. Sie geht nun durch beide Kastenwände.

Schritt 11
Bau des kleineren inneren Kastens. Er sollte von den Maßen her so groß sein, dass zu den Wänden des großen Styorodurkastens ca. 2 cm Abstand besteht. Der Kasten bleibt ohne Boden, der Deckel wird später aufgelegt und mit zwei flachen Steinen beschwert.

Die Seitenteile werden reichlich mit Silikon bestrichen und zusammengefügt.

Schritt 12
Bohren des Loches für die Pappröhre in die Frontseite.

Schritt 13
Alle Seiten des Kastens werden nun mit ca. 10 Luftlöchern pro Seite versehen.

Alternativ zu einem Bohrer kann auch ein Nagelversenker benutzt werden.

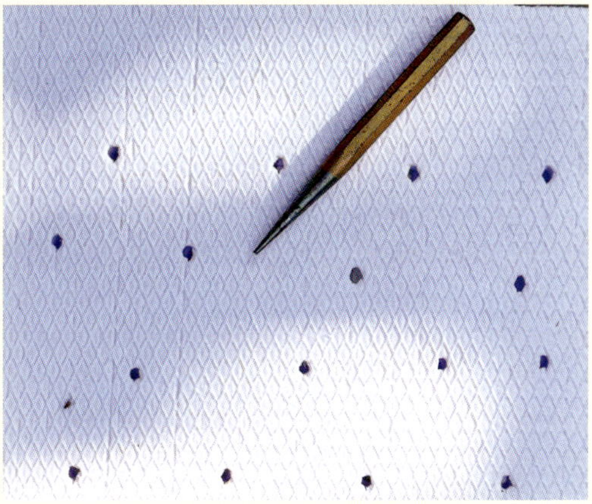

Schritt 14
Der kleine Innenkasten wird anschließend in den größeren gestellt und die Pappröhre wieder eingesteckt, sodass sie vom Einflugloch bis in den kleinen Innenkasten reicht.

Schritt 15
Einbringen des Nistmaterials in die Nestmulde.

Im gezeigten Beispiel besteht das Nistmaterial aus Kapokwolle. Kapok wird von einer Samenschote des Kapokbaumes geerntet. Kapokwolle dämmt hervorragend, ist sehr weich und luftig, verklumpt und verklebt nicht und gleicht Temperaturschwankungen aus. Bedingt durch die kurzen Fasern verfangen sich die Hummeln darin nicht. Alternativ kann auch Polsterwolle oder Moos benutzt werden.

Schritt 16
Auflegen des Deckels, der mit flachen Steinen beschwert wird.

Schritt 17
Mit einem Dichtband wird der Rand des Holzkastens abgeklebt. Dies sorgt für einen dichten Abschluss zum Holzdeckel, welcher später aufgelegt wird.

Schritt 18
Zusägen des Deckels für den großen Innenkasten, Hinzufügen der Luftlöcher und Auflegen auf den Kasten.

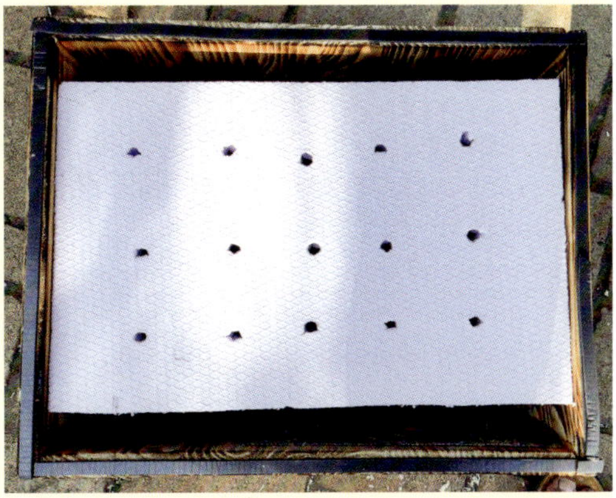

Schritt 19
Zusägen des Daches, Flämmen und Streichen mit Bootslack (alternativ mit Dachpappe überziehen). Das Dach sollte den Kasten seitlich und hinten um etwa 15 cm überragen, vorn um etwa 20 cm. Es wird später einfach auf den Kasten gelegt und mit einem Stein oder einer Pflanzschale beschwert. So kann das Nest ohne großen Aufwand jederzeit kontrolliert werden.

Im gezeigten Beispiel wurde das Dach aus schmalen Brettern zusammengeleimt (Maße 70 cm x 65 cm). Einfacher ist es, ein fertiges Brett zu benutzen.

Mit Hobel und Schleifmaschine werden nun die Ränder des Daches angeschrägt und geschliffen, so kann Regenwasser besser ablaufen.

Das Dach wird nun geflämmt und zweimal mit Bootslack gestrichen.

Schritt 20

Anfertigen und Anbringen des Vorbaus.

Der letzte Arbeitsschritt ist das I-Tüpfelchen unserer Bemühungen um einen artgerechten, effektiven Hummelnistkasten. Er ermöglicht den Hummeln ein zielsicheres Landen und Hineinkriechen in ihr Nest und wehrt vor allem Wachsmotten ab, die ansonsten die Hummelbrut ernsthaft gefährden könnten.

Die Größe des Vorbaus hängt von der Größe, besonders der Breite des Kastens ab. Der eigentliche Vorbau ist etwa 10 cm x 10 cm x 10 cm groß, der Gang, der vom Vorbau seitlich wegführt, sollte so lang wie möglich gebaut werden. In der Regel endet er dort, wo auch die Kastenfront endet.

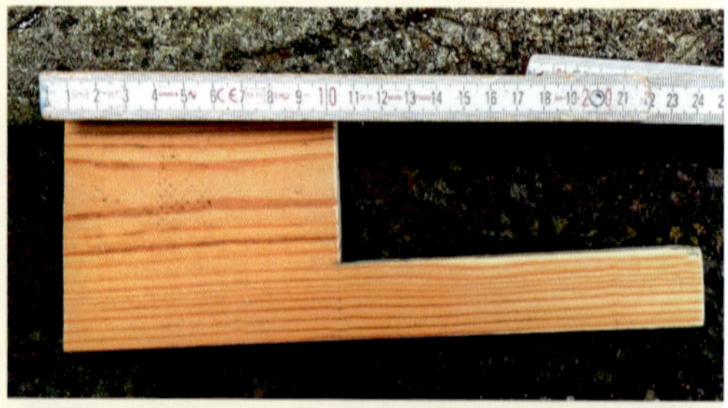

Die Grundplatte des Vorbaus mit dem Gang wurde hier mit der Japansäge ausgesägt.

Nun werden Schritt für Schritt die Seitenteile und das Dach des Vorbaus mit wasserfestem Holzleim angeklebt und mit Schraubzwingen bis zur Trocknung fixiert.

Von links: Als nächstes wird das Dach des Tunnels ausgesägt und am Ende mit einem Sperrholzstück, das den Eingang bildet, verleimt.
Vom Sperrholzendstück wird ein Viertelkreis ausgesägt, der später mit Rückwand und Boden des Tunnels den Eingang bildet.
Dann werden zwei Winkelblechstücke in Länge des Tunnels gesägt, Gleiches macht man mit dem Alu-Lochblech, welches später die Frontseite des Tunnels bildet. Mit Montagekleber, Heißkleber oder Silikonkleber werden das Lochblech und die beiden Winkelblechstücke mit dem Tunneldach verklebt.

Von links: Das Tunneldach mit Winkel und Lochblech wird mit dem Tunnelboden und dem Vorbau verleimt.
Blick von hinten in den Tunnel mit Lochblech, rechts der Tunneleingang, links der Eingang zum Vorbau.
Im Anschluss verklebt man das untere Winkelblech mit dem Tunnelboden und dem Lochblech.

Der Tunnel ist nun fertig gestellt, als Nächstes wird nun die „Schiebetür" des Vorbaus gebaut und installiert.

Die „Schiebetür" wird aus (hier beschichtetem) 2 mm dickem Sperrholz in Größe des Vorbaus zurechtgesägt. Dann wird der Mittelpunkt gekennzeichnet und mit einer Lochsäge ein Loch ausgesägt, welches nach allen Seiten etwa 3 cm bis 4 cm Abstand zum Rand aufweist.

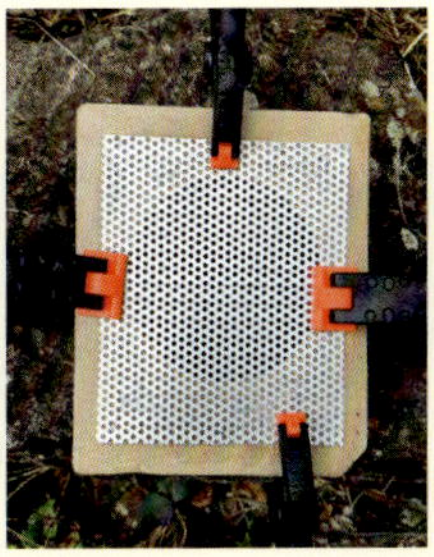

Anschließend schneidet man ein Stück Lochblech aus, welches mit Montagekleber auf die Öffnung geklebt wird. Auf Dichtigkeit ist zu achten, da an dieser Stelle eventuell auftauchende Wachsmotten versuchen werden, zum Nest vorzudringen.

Es ist ratsam, das Lochblech bis zur vollständigen Trocknung des Klebers mit Zwingen zu fixieren.

Die große runde Türöffnung mit dem Lochblech hat den Sinn, eventuell auftauchende Wachsmotten zu dieser Stelle zu locken. Der Geruch des Hummelnestes ist hier am stärksten, sodass Wachsmotten versuchen, an dieser Stelle ins Nest einzudringen, was aber unmöglich ist. Durch das Lochblech an der Tunnelvorderseite entweicht ebenfalls Nestgeruch, allerdings viel weniger intensiv und zum Tunneleingang hin immer schwächer werdend, was die Nestparasiten vom „echten Eingang" wegführt.
Es kann allerdings nicht vollständig ausgeschlossen werden, dass Wachsmotten zufällig den Eingang finden. Es ist daher sinnvoll, das Hummelnest, besonders in der Anfangsphase, immer wieder zu kontrollieren, was bei unserem Kasten sehr leicht und schnell möglich ist.

Die fertige Tür braucht nun noch eine „Führung", in der sie nach rechts und links geschoben werden kann. Dazu werden weitere Winkelbleche so oben und unten am Vorbau verklebt und verschraubt, dass eine Führungsnut entsteht, in die die Tür eingesetzt wird.

Der Vorbau wird mit Holzleim am Kasten festgeklebt, die Ecken zusätzlich mit Holzleim gefüllt. In diesem Bereich ist die völlige Dichtigkeit des Kastens gegen Feuchtigkeit und Parasiten besonders wichtig.

Fertiger Vorbau mit halb geöffneter Tür, dahinter die Papprõhre, die schräg zum Nestinneren hinabführt, links der Gang mit Lochblech und Landebrettchen.
Bei dieser Kastenvariante wurde das Dach des Vorbaus zum zusätzlichen Sonnen- und Regenschutz nach links über den Gang fortgeführt.

Fertiger Nistkasten. Zur Beschwerung des Daches und dem gleichzeitigen Bereitstellen von Nahrung wurde eine Pflanzschale mit Sedum-Arten benutzt.

Auch die hübsche Wiesenhummel (hier ein Männchen) nimmt künstliche Nisthilfen an.

Schritt-für-Schritt-Anleitung: Hornissenkasten

Die Hornisse steht unter Naturschutz, weil ihre Bestände schwanken und nicht als gesichert gelten. Einer der Auslöser dafür ist das Fehlen von Nistplätzen in großräumigen Höhlen. Mit dem Anbieten von Nisthilfen in geeigneten Biotopen kann dieser imposanten Wespenart geholfen werden.

Auch im eigenen Garten können Hornissen in Kästen angesiedelt werden. Lediglich Menschen mit Allergien gegen Wespengift sollten auf Nisthilfen im eigenen Garten verzichten, auch wenn die Hornisse die friedlichste Wespenart ist.

Bei einer Hornissen-Nisthilfe handelt sich um einen rechteckigen Kasten von etwa 70 cm Höhe und einer Seitenlänge von 25 cm bis 30 cm, in dessen Frontseite zwei Einfluglöcher von etwa 20 mm Durchmesser bzw. Einflugschlitze gebohrt/gefräst werden. Innen kann an der Decke zur Initiierung ein Holzstück (ca. 10 cm x 5 cm x 5 cm) angeklebt werden, welches Königinnen gerne für den Bau der ersten Nestzellen nutzen.

Umfangreiche Versuche von Hornissenschützern haben einige weitere wichtige Erkenntnisse gebracht, welche Extras die Basisform des Kastens

Fertiger Hornissenkasten, geflämmt, links ein Blick ins Kasteninnere.

optimieren. So gibt es diverse Variationen des Kastenbodens, bei denen ein Schlitz zum Abführen von Kot und Urin vorgesehen ist. Weiterhin hilft das Anbringen von Seiten- und Querleisten im Innenraum, das entstehende Nest zu stabilisieren.

Interessant ist der Einfluss der Einflugloch-Gestaltung auf den Besiedlungserfolg. Als optimale Gestaltung der Vorderfront des Kastens haben sich zwei Einflugschlitze (1,5 cm x 6 cm) bewährt, die übereinandersitzen. Dies ist eine Kombination des Kastentyps mit zwei runden Einfluglöchern (Durchmesser ca. 2 cm) und dem Kastentyp mit einem Einflugschlitz. Optimale Einflugmöglichkeiten und Durchlüftung werden mit höherer Besiedlungsfreundlichkeit kombiniert.

Der Verfasser versucht hier, die Vorteile diverser Kastentypen zu kombinieren, um eine zuverlässige Nisthilfe mit gutem Besiedlungserfolg herzustellen. Außerdem soll die Anfertigung nicht zu kompliziert und aufwändig sein.

Bei den verwendeten Materialien sollte man auf das zurückgreifen, was gegebenenfalls vorhanden ist, und was mit dem vorhandenen Werkzeug gut bearbeitet werden kann.

Man verwendet aber in jedem Fall Holz, welches ca. 20 mm stark und am besten ungehobelt ist. Am einfachsten ist es, mit fertigen Brettern zu arbeiten, die allerdings mit etwa 30 cm x 70 cm ziemlich groß sein müssen. Im unten gezeigten Beispiel wurden einzelne Bretter von 10 cm Breite sowie Kanthölzer (4,5 cm x 6 cm) benutzt, die aus einem Holzwand-Abriss stammten. Die (hier leider) gehobelten Bretter wurden an den notwendigen Stellen mit Sägerillen versehen, um besonders zu Beginn der Nestbauphase den Hornissen das Laufen im Kasteninneren zu erleichtern. Zusätzlich wurden spezielle „Laufleisten" mit der gleichen Zielsetzung angebracht.

Es ist möglich, Nägel und/oder Schrauben zu benutzen. Beides hat Vor- und Nachteile. Im gezeigten Beispiel wurde mit Schrauben und Nägeln gearbeitet.

Dachpappe sollte in jedem Fall zum Abdichten des Daches benutzt werden, da es Hornissen, wie alle Hautflügler, im Nestbereich gerne trocken haben.

Benötigte Werkzeuge und Materialien:

Holzbretter, die insgesamt etwa folgende Flächen ergeben sollten, dazu weitere Hölzer:

- 30 cm x 70 cm (4 Stück für Seitenwände, Front und Rückseite)
- 40 cm x 50 cm (1 Stück für das Dach)
- 28 cm x 28 cm (1 Stück für Boden)
- Leiste (1 Stück, ca. 1 Meter, ca. 2 cm x 2 cm für Neststabilisierung innen)
- Dachlatte (1 Stück, ca. 110 cm, 3 cm x 5 cm für Aufhängung)
- Kanthölzer (hier 4,5 cm x 6 cm) mit 4 cm x 70 cm und 8 cm x 25 cm für Rahmen

Des Weiteren wird benötigt:

- Dachpappe (1 Stück, 40 cm x 50 cm; 2 Stück, 4 cm x 10 cm für Einflugschlitze)
- Schrauben (ca. 35 Stück, 3,5 cm lang) oder Nägel (ca. 35 Stück, 4 cm lang)
- Dachpappennägel (ca. 50 Stück für Einflugschlitze und Dach)
- Holzleim

Alle nötigen Arbeitsschritte können ohne strombetriebene Maschinen durchgeführt werden. Jedoch ist der Einsatz von solchen Maschinen empfehlenswert, da sie präziser und schneller arbeiten.

Es ist daher vorteilhaft, wenn folgende Werkzeuge/Maschinen zum Einsatz kommen: (Hand-)Kreissäge, Stichsäge, Akkuschrauber, Hammer, Bohrmaschine mit Fräskopf oder Bohrer (20 mm), „Unkrautbrenner/Holzflämmer“, Zollstock, Bleistift.

Alternativ: Handsäge (Fuchsschwanz), Gehrungslade, Handbohrer (20 mm), Metallwinkel, Hammer, Nägel, Holzleim, Zollstock, Bleistift.

Schritt 1

Im hier gezeigten Beispiel wird mit schmalen Brettern gearbeitet, die zusammengefügt werden. Daher wird als erstes ein Rahmen aus Kanthölzern gebaut. Arbeitet man mit fertigen Brettern (ca. 30 cm x 70 cm etc.), kann auf den Rahmen verzichtet werden. In diesem Fall können die Teile direkt miteinander verleimt und verschraubt bzw. aneinander genagelt werden.

Handarbeit: Die Kanthölzer werden vermessen und mit einem Fuchsschwanz oder einer Japansäge zugeschnitten. Um rechte Winkel zu erhalten, ist die Benutzung einer Gehrungslade empfohlen.

Bei Benutzung einer Kreissäge wird die Führung entsprechend auf 90° eingestellt.

Schritt 2

Nun werden die Kanthölzer zu einem Rahmen verleimt und verschraubt (alternativ verleimt und genagelt). Es empfiehlt sich, die Schraublöcher vorzubohren!

Von links: Aus den Fugen austretender Holzleim ist ein Zeichen für optimale Verleimung. Den überschüssigen Leim wischt man ab.
Ist das Rahmenholz, wie auf den Abbildungen, gehobelt, sollte man es mit einer Feinsäge innen mit Sägerillen versehen, damit der Hornissenkönigin in der Nestgründungsphase das Klettern/Laufen im Kasten erleichtert wird. Zum selben Zweck werden später zusätzlich noch „Laufleisten" angebracht.

Fertiger Rahmen aus Kanthölzern, Außenmaße 28 cm x 33 cm, Höhe 70 cm

Schritt 3

Nun werden die vorbereiteten Bretter an den Rahmen geschraubt und miteinander verleimt. Empfohlen wird, zunächst die Seitenwände und die Rückwand zu bauen, dann die Decke, den Boden und zuletzt die Frontseite mit den Einflugschlitzen.

Schritt 4

Im gezeigten Beispiel wird nach Fertigstellung der Rück- und Seitenwände das Holz geflämmt, um es haltbarer und ein Streichen mit Farbe, Beize oder Lasur überflüssig zu machen. Die Methode ist empfehlenswert, da die Behandlung sehr schnell geht und umweltfreundlich ist. Möchte man die Nisthilfe streichen, ist unbedingt darauf zu achten, dass die Farbe insektenverträglich ist (auf den Umweltengel achten!).

Schritt 5

Nun wird die Vorderwand mit den beiden Einflugschlitzen gebaut. Mit Hilfe eines Bohrers (15 mm) werden zunächst zwei Löcher gebohrt, dann wird mit der Stichsäge der Schlitz ausgesägt (6 cm x 1,5 cm).

Der Abstand des oberen Einflugschlitzes zum Dach sollte etwa 12 cm betragen, der Abstand des unteren Einflugschlitzes zum Boden etwa 18 cm.

Schritt 6 (optional)
Die Vorderwand wird geflämmt.

Schritt 7
Nun wird an die Innenseite der Vorderwand eine aufgeraute „Laufleiste" angeleimt, welche von Einflugschlitz zu Einflugschlitz verläuft. Sie erleichtert der Königin die Fortbewegung im Kasteninneren zu Beginn der Nestbauphase.

Schritt 8
Vor der Fertigstellung des Daches empfiehlt es sich, die Seitenleisten anzuleimen (ggf. zusätzlich zu verschrauben), die das spätere Nest stabilisieren. Sie werden an den Seiten und der Kastenrückwand angebracht. Die oberen Leisten sollten ca. 12 cm von der Kastendecke entfernt sein, die unteren ca. 30 cm vom Kastenboden.

Blick von schräg unten in den Kasten (ohne Deckel). Gut zu erkennen sind die beiden oberen und unteren Seitenleisten.

Schritt 9
Zur zusätzlichen Stabilisierung des (noch jungen) Nestes kann eine runde oder (wie hier) sechseckige Stange abgebracht werden, die waagerecht im oberen Drittel des Kastens (15 – 20 cm unterhalb der Decke) mittig verläuft. Sie kann das noch kleine Nest von unten abstützen und wird später einfach von den Hornissen umbaut.

Links: Sechseckleiste zur Absicherung des Nestes in der ersten Bauphase der Königin und der ersten Arbeiterinnen.
MItte: Blick von schräg unten in den Kasten. Deutlich ist die quer verlaufende Sechseckstange zu erkennen.
Rechts: Blick von oben auf die Sechseckstange (und die Seitenleisten).

Schritt 10

Nun wird das Dach angebracht. Der Dachüberstand an allen vier Seiten bietet guten Schutz gegen Regen bei dem hier waagerecht gebauten Dach (bei nach vorn abfallenden Dächern kann der Überstand deutlich kleiner sein oder ganz wegfallen).
Auf ein Verleimen der Bretter untereinander wurde hier verzichtet, das Dach später mit Dachpappe abgedichtet wird.

Fertiges Dach mit einem Überstand von 20 cm vorn, 4 cm hinten und an den Seiten.

Schritt 11

Nun wird das Dach mit Dachpappe versehen. Im abgebildeten Beispiel wurden selbstklebende Bitumenbahnen benutzt, die zusätzlich mit Dachpappennägeln fixiert wurden.

Halbfertig mit Dachpappe beklebtes Dach. Die Aussparung rechts nimmt später die Befestigungsleiste des Kastens auf.

Vorderkante des Daches von unten. Die Dachpappe ist mit Nägeln zusätzlich fixiert.

Schritt 12

Nun wird das zapfenförmige Holzstück mittig an der Kastendecke festgeklebt. Es fällt hier sehr groß aus und kann auch schmaler und/oder kürzer gebaut werden. Gerne bauen Königinnen an diese Zapfen die ersten Zellen und damit hängt später das gesamte Nest daran.

Dann klebt (und/oder schraubt) man die Laufleiste an die Decke.

Frisch verleimt hängt der Zapfen von der Kastendecke, die Laufleiste der Kastendecke führt vom Zapfen zum Frontbrett; darunter die Sechseckstange, im Hintergrund die oberen Seitenleisten.

Schritt 13

Im gezeigten Beispiel wird das Frontbrett des Kastens mit Sturmhaken (Wiener Vorreitern) gesichert. So ist es schnell und einfach herausnehmbar.

Wird das Frontbrett aus einem Stück gefertigt, kann natürlich auch mit Scharnieren gearbeitet werden, die ein seitliches Öffnen und Schließen der Tür ermöglichen. Auf jeden Fall muss der Kasten zu öffnen sein, weil das alte Nest im Herbst oder Frühjahr (bis spätestens Ende April) entfernt werden muss. Es wird nicht neu bezogen und würde den Kasten so unbrauchbar für Hornissen machen.

Die oberen und unteren Sturmhaken halten die herausnehmbare Kastenfront sicher an ihrem Platz und ermöglichen ein rasches Öffnen und Schließen des Kastens.

Schritt 14

Abschließend wird die Befestigungsleiste an die Kastenrückwand angeschraubt und mit Vorbohrungen für die Nägel oder Schrauben versehen, die den Kasten am Baum befestigen. Wegen des hohen Gewichtes sollte man 6 bis 8 Befestigungspunkte vorsehen.

Der Hornissenkasten ist nun fertig. Vor der Aufhängung sollte der Boden dieses Modells mit mehreren Lagen Zeitungspapier und/oder Sägespänen bedeckt werden, die den Kot und Urin der Hornissen aufnehmen.

Die Aufhängung

Wie bei allen anderen Nisthilfen auch, ist beim Hornissenkasten der Standort von besonderer Bedeutung. Zunächst kann man sich am natürlichen Neststandort orientieren. Alte Bäume mit Großhöhlen findet man in Wäldern, an besonnten Waldrändern, in Feldgehölzen, Parks oder Gärten.

Solche Standorte sind für die Aufhängung geeignet, besonders dann, wenn Großhöhlen dort fehlen.

Da unser Kasten ziemlich schwer ist und bei der Anbringung in der Regel Leitern verwendet werden, sollte man mit mindestens drei Personen arbeiten. In der Nähe zu Menschen (Parks, Gärten) empfiehlt es sich, die Nisthilfe mindestens drei, besser vier Meter hoch anzubringen, um einen direkten Kontakt zum Hornissenvolk zu vermeiden und Vandalismus vorzubeugen.

Der Kasten sollte weder ganztägig beschattet werden noch permanent der prallen Sonne ausgesetzt sein.

Ein halbschattiger Standort mit Morgensonne und Schatten am Nachmittag ist ideal, damit sich das Nest nicht zu sehr erwärmt bzw. auskühlt. Auch wenn die Hornissen eine ausgeklügelte Methode zur Thermoregulation ihres Nestes durch schnelles Flügelschlagen (Schwirren) entwickelt haben, kann man sie entlasten, indem man den Standort optimiert.

Im unten gezeigten Beispiel hängt die Nisthilfe in einer lockeren Baumhecke im Garten in zwei Metern Höhe und südexponiert. Der unmittelbare Einflugbereich ist frei von Ästen und Zweigen, der nächste Baum steht etwa zwei Meter von den Einflügen entfernt.

Spieler und Gegenspieler: Kuckucksbienen und andere Profiteure von Nisthilfen

Von nützlichen und schädlichen oder gar guten und bösen Tierarten zu sprechen ist „biologischer Unsinn“. Im Laufe von Jahrmillionen hat die Natur ein unübertroffen perfektes Geflecht von Beziehungen und Abhängigkeiten in einem ökologischen Netz geschaffen, in dem nichts überflüssig oder fehlend ist.

Jede Tierart hat ihren festen und wichtigen Platz im Ökosystem. Genau genommen gibt es keine Nützlinge oder Schädlinge; diese Bezeichnungen sind lediglich aus Sicht des Menschen zu verstehen, der einseitig, auf seine eigenen Interessen bezogen, bewertet. Daher ist es selbstverständlich, dass auch Kuckucksbienen, Goldwespen, Gichtwespen oder andere Brutparasiten an Nisthilfen willkommen sind und gefördert werden sollen!

Viele dieser Arten haben nur eine einzige Wirtsart, von der sie auf „Gedeih und Verderb“ abhängig sind.

Es gehört neben dem Nestbauverhalten zu den interessantesten Beobachtungen an Nisthilfen, die gegenseitige Interaktion von Wirt und Brutparasit mitzuverfolgen.

Aufmerksames Lauern, warten auf die Abwesenheit des Wirtstieres, blitzschnelles Handeln in dessen Abwesenheit oder direkter Kampf bei dessen verfrühter Rückkehr: Viele Verhaltensweisen sind faszinierend und spannend zu beobachten.

Um den „Gegenspielern“ zu helfen, braucht es also nichts weiter, als die Förderung der „Spieler“ und die Akzeptanz von Erstgenannten.

Goldwespen gehören zu den schönsten Wespenarten überhaupt; sie schmarotzen bei verschiedenen solitären Bienen- und Wespenarten und sind an Nisthilfen regelmäßig anzutreffen.

*Falten-Erzwespe (**Leucospis dorsigera**) bohrt ein Nest der Roten Mauerbiene (**Osmia bicornis**) in Nisthilfe (Holunderstängel) an. Deutlich ist der Legestachel zu erkennen, der die Eier ins Bienennest befördert.*

Blutbienen sind sehr artenreich. Sie schmarotzen bei Sandbienen, welche reine Bodennister sind.

*Die Trauerbiene **Melecta albifrons**, Kuckucksbiene der Frühlings-Pelzbiene (**Anthophora plumipes**), dringt in Abwesenheit des Wirtes in das Nest (künstliche Steilwand) ein, um ihre Eier abzulegen (l.) Nach gewaltsamem „Rausschmiss" aus dem Nest durch die Besitzerin startet das Weibchen vom Boden aus.*

*Regelmäßig trifft man an Nisthilfen Keulenwespen an. **Sapyga clavicornis**, die Gemeine Keulenwespe, schmarotzt bei Mauerbienen, Pelzbienen und Löcherbienen und ist recht häufig*

*Der Bienenwolf (**Trichodes apiarius**) ist ein Buntkäfer, der bei sozialen und solitären Bienenarten schmarotzt. Hier ruht eine Imago an Pappröhrchen, die von Mauerbienen besiedelt sind.*

***Sapyginaa decemguttata**, eine weitere Keulenwespe, die an Nisthilfen auftritt*

*Gichtwespen bohren mit ihrem langen Legestachel die im Nest ruhenden Bienenlarven an und injizieren ihre Eier. Die schnell schlüpfenden Wespenlarven verzehren die Wirtslarven und verpuppen sich. Regelmäßig tauchen verschiedene Arten an Nisthilfen auf, hier **Gasteruption assectator**.*

Die Riesenschlupfwespe (**Dolichomitus mesocentrus**) sucht eigentlich nach Larven der Holzwespe, die sie mit ihrem langen Legestachel zur Eiablage ansticht. Hier untersucht sie mit ihrem feinen Tast- und Geruchssinn an einer Nisthilfe aus Ton die Nester verschiedener Wildbienenarten.

Wollschweber gehören – trotz ihres bienenartigen Aussehens – zu den Fliegen. Sie legen ihre Eier aus dem Schwebflug heraus in die Nähe der Bodennester verschiedener Bienenarten.

Trauerschweber (**Anthrax anthrax**) tauchen häufig an Nisthilfen auf. Sie sind Raubparasiten verschiedener Wildbienenarten.

Winzige Taufliege am Nest von **Osmia bicornis**, ihrem Hauptwirt, in dessen Nest sie sich parasitisch entwickelt hat.

Kurzporträts häufiger Arten in Nisthilfen

Gehörnte Mauerbiene (*Osmia cornuta*)

Wie der deutsche Name vermuten lässt, „mauern" die Bienen dieser Gattung Zwischenwände und Nestverschlüsse mit selbstgefertigtem „Mörtel". Dazu wird Lehm mit den Mundwerkzeugen aufgenommen und mit Speichel zu einer Art Zement vermischt. Beim Trocknen härtet dieses Baumaterial aus und ergibt stabile Strukturen.

Dieses interessante Nistverhalten lässt sich bei *Osmia cornuta* gut beobachten. Die auffällige Art fliegt als eine der ersten Wildbienen im Jahr oft schon Ende Februar (nach milden Wintern). Wegen ihrer Größe (Männchen erreichen etwa Honigbienengröße, Weibchen werden noch deutlich größer) und ihrer schwarz-orangen Färbung werden sie manchmal mit Steinhummeln verwechselt. Die Gehörnte Mauerbiene gehört außerdem zu den häufigsten Wildbienen und ist an Nisthilfen fast immer zu beobachten. Sie bildet oft große Aggregationen und dominiert dann in hohlen Stängeln aller Art, Bohrungen in Holz oder Stein und selten auch im Boden. Gangdurchmesser von 7 mm bis 9 mm sind geeignet, die Liniennester dieser Art aufzunehmen.

Zwei kopulierende Paare von Osmia cornuta. Deutlich ist der Geschlechtsdimorphismus: Die Männchen (obenauf) sind kleiner und haben ein weißes bis cremefarbenes „Gesicht", das Gesicht der Weibchen ist schwarz.

*Weibchen von **Osmia cornuta** mauert Nestverschluss an einem Pappröhrchen (8 mm Durchmesser) mit einem Lehm-Speichelgemisch.*

***Osmia cornuta** im Anflug auf Nisthilfe.*

Werden (fast) alle Hohlräume einer Nisthilfe von der Gehörnten Mauerbiene besetzt, kann man leere Röhren bereits im Herbst mit Klebeband verschließen. Am Ende der Flugzeit von *Osmia cornuta* (etwa Anfang April) kann man dieses dann wieder entfernen und so auch anderen, später fliegenden Arten Nistraum zur Verfügung stellen.

Die Art ist polylektisch, d. h. sie ist nicht auf eine bestimmte Pflanzenart als Pollenquelle spezialisiert. Gerne werden im Garten beispielsweise Krokusse, Lungenkraut, Blaukissen und andere Frühblüher angeflogen.

Gehörnte Mauerbiene (Weibchen) sitzt mit Lehmklumpen am Schutzgitter einer Nisthilfe.

Weibchen der Gehörnten Mauerbiene trinkt Nektar an Traubenhyazinthe.

Gehörnte Mauerbiene (*Osmia cornuta*)

Deutscher Name	Gehörnte Mauerbiene
Lateinischer Name	Osmia cornuta
Größe	10 mm bis 15 mm, sehr variabel
Aussehen	Abdomen rotbraun, Thoraxbehaarung schwarz, Männchen mit auffallend weißer Gesichtsbehaarung, gehörnter Kopfschild beim Weibchen (Artname!)
Flugzeit	(Ende Februar) März – Mai (Juni)
Generationen	Univoltin (eine Generation im Jahr)
Nistplätze	Hohlräume verschiedener Art, gerne in Nisthilfen
Nisthilfen	Bohrungen in Holz, Stein, Ton, Stängel, Pappröhrchen, Durchmesser 8 mm bis 9 mm, auch in künstlichen Lehmwänden, selten im Boden
Lebensraum	Überwiegend im Siedlungsraum, ursprünglich wohl an Steilufern in den verlassenen Nestern der Frühlings-Pelzbiene (*Anthophora plumipes*)
Gefährdung	Die häufige Art scheint derzeit nicht gefährdet.
Nahrungspflanzen	Ausgesprochen polylektische Art, gerne Frühblüher aller Art wie Lungenkraut, Lerchensporn, Traubenhyazinthen, Krokusse, Blaustern, Buschwindröschen
Sonstiges	Kann an Nisthilfen Aggregationen von mehreren hundert Nestern bilden.

Natternkopf-Mauerbiene (*Osmia adunca*)

Wie der deutsche Name bereits vermuten lässt, ist die Art oligolektisch, nutzt also nur eine Pflanzenart als Pollenquelle, nämlich *Echium vulgare*, den Gewöhnlichen Natternkopf. Die mediterrane Art *Echium plantagineum*, der Wegeblättrige Natternkopf, die zunehmend in Gärten kultiviert wird, ist jüngst ebenfalls als Pollenquelle belegt.

Entscheidend ist neben geeigneten Brutplätzen wie Totholzstrukturen, Löss- und Lehmwänden (Felswänden) oder Nisthilfen demnach das regelmäßige Vorkommen des Gewöhnlichen Natternkopfs. Diese schöne Pflanze lässt sich gut in Gärten aussähen und auf halboffenen, mageren Böden dauerhaft ansiedeln.

*Weibchen von **Osmia adunca** inspiziert Nisthilfe (Hartholzblock). Ein zweites Weibchen sitzt in der Höhlung und „blockiert“ den Eingang.*

Die Männchen sind auffällig gefärbt: grüne Augen, cremefarbenes Gesicht und rostroter Thorax. Ein frischgeschlüpftes Männchen dieser wärmebedürftigen Art heizt sich auf der Dachpappe einer Nisthilfe auf.

Bei der Wahl des Nistplatzes ist die Art sehr variabel, gerne nimmt sie im Siedlungsbereich Bohrungen in Hartholz oder Stein an, aber auch in Bambus- oder Pappröhrchen, Pflanzenstängeln oder an künstlichen Lehmwänden ist sie nistend anzutreffen.

*Das Vorhandensein des Natternkopfs ist unabdingbar für **Osmia adunca**. Hier sammelt ein Weibchen im Garten des Autors Pollen am Gewöhnlichen Natternkopf (**Echium vulgare**).*

Prachtvoller Bestand von **Echium vulgare** im Garten des Verfassers. Im Laufe von 25 Jahren hat sich hier eine Populationsstärke von etwa 150 weiblichen Tieren der Natternkopf-Mauerbienen etabliert, die in künstlichen Nisthilfen siedeln.

Natternkopf-Mauerbiene (*Osmia adunca*)

Deutscher Name	Natternkopf-Mauerbiene
Lateinischer Name	*Osmia adunca* (*Hoptilis adunca*)
Größe	11 mm bis 13 mm
Aussehen	Weibchen: grauschwarze Grundfärbung, Tergite glänzend, schmale Endbinden, weiße Bauchbürste. Männchen: am 6. Tergit mit seitlichem Zahn, 7. Tergit breit; Augen grün, Thoraxbehaarung rotbraun, Gesicht cremefarben.
Flugzeit	Juni bis August (September)
Generationen	Univoltin (1 Generation im Jahr)
Nistplätze	Hohlräume verschiedener Art, gerne in Nisthilfen
Nisthilfen	Bohrungen in Holz, Stein, Ton, Stängel, Pappröhrchen, Durchmesser 6 mm bis 8 mm; auch in künstlichen Lehmwänden
Lebensraum	Wärme- und trockenheitsliebend; lebt dort, wo die Futterpflanze vorkommt, z. B. in Kiesgruben, Steinbrüchen, an Hochwasserdämmen, auf Ruderalflächen, in Naturgärten
Gefährdung	Die häufige Art scheint derzeit nicht gefährdet.
Nahrungspflanzen	Fliegt zum Pollensammeln ausschließlich auf Natternkopf (*Echium vulgare*, *Echium plantagineum*).
Sonstiges	An geeigneten Nisthilfen kann die Art in großer Zahl vorkommen, in den lehmigen Nestverschluss werden Steinchen oder Holzstückchen eingebaut.

Typischer Nestverschluss von ***Osmia adunca*** *mit Holzfasern und Steinchen.*

Nisthilfe mit Pappröhrchen und einigen Nestverschlüssen der Art.

Weibchen mauert Nestverschluss.

Rote Mauerbiene (*Osmia bicornis/Osmia rufa*)

Die Rote Mauerbiene gehört ähnlich wie die „große Schwester", die Gehörnte Mauerbiene, zu den regelmäßigen Besiedlern von Nisthilfen. Auch sie ist im Siedlungsbereich nicht selten und stellt relativ geringe Ansprüche an ihren Lebensraum. Als typisch polylektische Art genügen ihr neben nektar- und pollenspendenden Pflanzen verschiedene Hohlräume zum Nisten. Dabei besiedelt sie neben linearen Hohlräumen, z. B. in Nisthilfen, auch Hohlräume anderer Formen, in denen dann auch Haufennester (Zellen liegen ungeordnet neben- und übereinander) gebaut werden. Wasserhähne, Schlauchenden, Fensterrahmen und andere Hohlräume gehören zu den oft kuriosen Neststandorten.

*Weibchen von **Osmia bicornis** mauert den Nestverschluss in einem Pappröhrchen.*

*Kopula von **Osmia bicornis**. Deutlich zu sehen ist die unterschiedliche Gesichtsfärbung der Geschlechter.*

Nisthilfe (Lochziegel), die fast vollständig von der Roten- und der Gehörnten Mauerbiene besiedelt ist. Die Abbildung zeigt den Schlupf von mehr als 200 Tieren an einem warmen Märztag.

Die Flugzeit der Roten Mauerbiene (*Osmia bicornis*) überschneidet sich mit der von *Osmia cornuta*. Große Weibchen der Roten Mauerbiene (*Osmia bicornis*) und kleinere der Gehörnten Mauerbiene (*Osmia cornuta*) sind etwa gleich groß, sodass Nistplatzkonkurrenz entstehen kann. Meist dominiert an Nisthilfen eine der beiden Arten. Bei Massenvorkommen der beiden Mauerbienenarten empfiehlt es sich, einen Teil der unbesetzten Hohlräume in Nisthilfen abzukleben (z. B. mit Panzer-Klebeband) und erst im Juni wieder zu öffnen. So haben auch andere, seltenere hohlraumnistende Arten ähnlicher Größe eine Chance, einen Nistplatz zu ergattern.

Gut zu erkennen sind hier der zweifarbige Hinterleib und die gelb-braune Bauchbürste des Weibchens.

Rote Mauerbiene (*Osmia bicornis/Osmia rufa*)

Deutscher Name	Rote Mauerbiene
Lateinischer Name	*Osmia bicornis* (*O. rufa*)
Größe	10 mm bis 13 mm
Aussehen	Abdomen zweifarbig (Tergite 1 bis 3 rotbraun, Tergite 4 bis 6 schwarz), Thoraxbehaarung schwarz, Bauchbürste gelb-braun, Kopfschild mit zwei Hörnern, Männchen mit auffallend weißer Gesichtsbehaarung
Flugzeit	März bis Juni
Generationen	Univoltin (eine Generation im Jahr)
Nistplätze	Hohlräume verschiedener Art, gerne in Nisthilfen
Nisthilfen	Bohrungen in Holz, Stein, Ton, Stängel, Pappröhrchen, Durchmesser 6 mm bis 8 mm; auch in künstlichen Lehmwänden oder im Boden
Lebensraum	Zeigt keine besondere Bindung an spezielle Lebensräume, kommt fast überall vor, wo geeignete Nistplätze und Pflanzen vorkommen, eine der häufigsten Wildbienen überhaupt.
Gefährdung	Die häufige Art ist nicht gefährdet.
Nahrungspflanzen	Alle frühblühenden Pflanzenarten.
Sonstiges	Wichtiger Bestäuber von frühblühenden Obstgehölzen

Hahnenfuß-Scherenbiene (*Osmia florisomnis/Chelostoma florisomnis*)

Ein regelmäßiger Gast an Nisthilfen (Hartholzblöcke, Pflanzenstängel, Papphröhrchen) ist die Hahnenfuß-Scherenbiene, sofern Hahnenfußgewächse in ausreichender Menge in der Nähe wachsen.

Weibchen beim Verschließen des Nestes im Hartholzblock einer Nisthilfe.

*Männchen von **Osmia florisomnis** ruht an Nesteingang.*

Die Art ist aufgrund ihrer Anpassungsfähigkeit und der relativen Häufigkeit der Hahnenfußgewächse noch regelmäßig anzutreffen. Zur Unterscheidung der sehr ähnlichen Glockenblumen-Scherenbiene sind der spezielle Blütenbesuch sowie die (gelbe) Färbung der pollenbeladenen Bauchbürste (bei der Glockenblumen-Scherenbiene blau) zu beachten.
Außerdem sind die Mandibeln der Weibchen deutlich größer und scherenartig (Name!).

Hahnenfuß-Scherenbiene (*Osmia florisomnis/Chelostoma florisomnis*)	
Deutscher Name	Hahnenfuß-Scherenbiene
Lateinischer Name	*Osmia florisomnis* (*Chelostoma florisomnis*)
Größe	8 mm bis 10 mm
Aussehen	Männchen am Endsegment mit 3 stumpfen Lappen, bräunlich behaart, Weibchen nur spärlich grau behaart, Bauchbürste hell, oft durch Pollen auffallend gelb.
Flugzeit	Mitte Juni – Ende August
Generationen	Univoltin (eine Generation im Jahr)
Nistplätze	Hohlräume verschiedener Art, gerne in Nisthilfen
Nisthilfen	Bohrungen in Holz, Stein, Ton, Stängel, Pappröhrchen, 3,5 mm Innendurchmesser
Lebensraum	Wälder, Waldränder, Obstwiesen, Parks, Gärten
Gefährdung	Die häufige Art scheint derzeit nicht gefährdet.
Nahrungspflanzen	Hahnenfußgewächse aller Art
Sonstiges	Oligolektische Art, auf Hahnenfußgewächse spezialisiert

Hahnenfußgewächse sind unabdingbar für die Fortpflanzung von ***Osmia florisomnis.***

Gemeine Löcherbiene (*Heriades/Osmia truncorum*)

Der Name ist Programm! Die Art ist noch recht weit verbreitet und baut ihre Liniennester in „Löchern“ verschiedenster Art, gerne auch in Nisthilfen.
Bohrungen im Holz werden genauso gerne angenommen wie solche in anderen Materialien wie Stein oder Ton. Außerdem werden Pflanzenstängel oder Pappröhrchen (Durchmesser 3 mm bis 4 mm) besiedelt.
Die Biene ist mit einer Größe von ca. 7 mm ziemlich klein und wird im Garten oder der freien Landschaft gerne übersehen. Am Nistplatz dagegen ist sie auffällig und mit Hilfe der Nestverschlüsse relativ leicht zu bestimmen. Diese sowie die Zellzwischenwände baut die Art aus gelblich-weißem Baumharz. Gerne räumt sie angefangene Mauerbienennester aus, um sich selbst dort einzunisten.

Männchen an Nisthilfe.

***Heriades truncorum**, weiblich, auf Färberkamille. Deutlich sind die gelben Pollen an der Bauchbürste zu erkennen.*

*Ausgeräumtes Nest einer Mauerbiene. Der vorher eingetragene Pollen wurde von **Heriades truncorum** aus der Bohrung entfernt, bevor sie ihr eigenes Nest dort anlegte.*

Gemeine Löcherbiene (*Heriades/Osmia truncorum*)

Deutscher Name	Gemeine Löcherbiene
Lateinischer Name	*Heriades truncorum (Osmia truncorum)*
Größe	6 bis 8 mm
Aussehen	Dunkel bis schwarz, Tergitenden mit weißen Haarfransen, spitz zulaufender Kopf, Männchen mit am Ende gekrümmtem Hinterleib
Flugzeit	Juni – September, Weibchen bis Oktober
Generationen	Univoltin (eine Generation im Jahr)
Nistplätze	Liniennest in Hohlräumen verschiedener Art, gerne in Nisthilfen
Nisthilfen	Bohrungen in Holz, Stein, Ton, Stängel, Pappröhrchen, Durchmesser 3 bis 4 mm
Lebensraum	Waldränder, Lichtungen mit Totholz, Streuobstwiesen, oft im Siedlungsbereich
Gefährdung	Die häufige Art scheint derzeit nicht gefährdet.
Nahrungspflanzen	Oligolektisch, auf Korbblütler spezialisiert
Sonstiges	An geeigneten Nisthilfen kann die Art in großer Zahl vorkommen

Schöterich-Mauerbiene (*Osmia brevicornis*)

Die Art ist insgesamt relativ selten, aber des Öfteren an Nisthilfen (Bohrungen in Hartholz) anzutreffen. Oft sind beide Geschlechter von Milbenbefall betroffen. Die Parasiten befallen ihre Wirte bereits in deren Entwicklungsphasen im Nest, sodass auch frisch geschlüpfte Exemplare bereits große Mengen Milben aufweisen können.

Deutlich ist der Milbenbefall dieses frischen Weibchens zu erkennen.

Die Art braucht die Kombination aus großblütigen Kreuzblütlern mit Totholzstrukturen (z. B. stehende, abgestorbene Bäume, Zaunpfähle oder Nisthilfen).
Dort baut sie Nester, die in der Bienenwelt einzigartig sind. Ohne einzelne Brutzellen zu bauen und Zwischenwände einzufügen, füllt das Weibchen einen geeigneten Hohlraum vollständig mit trockenem Pollen und legt nach und nach seine Eier hinein (ca. 8 bis 23 Larven wurden gezählt). Der Nestverschluss ist ebenfalls unverkennbar. Er besteht aus Pflanzenmörtel und liegt 5 mm bis 10 mm tief im Nesteingang.

Männchen, ebenfalls mit Milben besetzt.

Kopulierende Schöterich-Mauerbienen. Auch diese Tiere weisen Milbenbefall auf.

Die Schöterich-Mauerbiene ist eine der wenigen Arten, die zwischen ihrem Nistplatz und den Trachtpflanzen oft hohe Entfernungen (mehr als 500 Meter) zurücklegt. Daher sind manchmal auch Exemplare an Nisthilfen in Gärten anzutreffen, obwohl in der näheren Umgebung keine großblütigen Kreuzblütler wie z. B. Raps, Ackersenf oder Nachtviole wachsen. Umgekehrt können Exemplare nahrungssuchend in Gärten angetroffen werden, ohne dort zu nisten.

Schöterich-Mauerbiene (*Osmia brevicornis*)	
Deutscher Name	Schöterich-Mauerbiene
Lateinischer Name	*Osmia brevicornis*
Größe	Männchen 8 mm bis 10mm, Weibchen 9 mm bis 11 mm
Aussehen	Weibchen: leicht metallische blaugrüne Grundfärbung; lange, dünne, graue Behaarung; rostrote Bauchbürste. Männchen: im frischen Zustand mit leuchtend rostroter Behaarung.
Flugzeit	Ende April – Mitte Juni
Generationen	Univoltin (eine Generation im Jahr)
Nistplätze	Lineare Hohlräume, z. B. Käferfraßgänge im Holz
Nisthilfen	Hartholzblöcke, Pappröhren, Pflanzenstängel, Bambusröhrchen
Lebensraum	Orte mit Totholzvorkommen in Kombination mit großblütigen Kreuzblütlern
Gefährdung	Lokale Vorkommen, fehlt vielerorts
Nahrungspflanzen	Großblütige Kreuzblütler wie Ackersenf, Raps oder Nachtviole
Sonstiges	Baut als einzige Mauerbiene keine Zellzwischenwände. Nestverschluss aus Pflanzenmörtel, liegt 5 mm bis 10 mm tief im Nesteingang.

Blauschwarze Holzbiene/Große Holzbiene (*Xylocopa violacea*)

Die zweitgrößte europäische Wildbiene ist unverkennbar. Sie ist sehr groß, schwarz und fliegt oft langsam umher. Sie übertrifft selbst Hummelköniginnen in Größe und Gewicht. Ähnliche Arten sind in Deutschland sehr selten und nur im Süden zu sehen (*Xylocopa iris* in Baden-Württemberg, *Xylocopa valga* bisher nur in Österreich und der in Schweiz vorkommend). Die Art überwintert als Imago und ist daher manchmal schon im Februar aktiv, wenn Sonneneinstrahlung lokale Wärmeinseln schafft. Sie gehört daher zu den ersten Wildbienen im Jahr. Als Nistplatz werden tote, halbmorsche Äste und Stämme verschiedener Laubhölzer aufgesucht, in die das Weibchen lange Nistgänge mit Nestkammern nagt.

Die Große Holzbiene ist ein klarer Gewinner des Klimawandels und breitet sich kontinuierlich nach Norden aus. Noch in den 1990er-Jahren war das Auftauchen der Art in Mittel- und Norddeutschland eine „kleine Sensation". Heute sind selbst die Britischen Inseln besiedelt.

Wärme spielt für diese Biene eine wichtige Rolle, ihr Verbreitungsschwerpunkt liegt im Mittelmeerraum. Trockenwarme Sommer, die in Deutschland spürbar häufiger werden, begünstigen die Entwicklung und Ausbreitung von *Xylocopa violacea*. Allerdings ist das Nistplatzangebot eher begrenzt, da die benötigten Totholzstrukturen lokal seltener werden.

Als Nisthilfe kann man dicke Äste oder Stämme (z. B. von Obstbäumen) senkrecht oder waagerecht positionieren und ggf. mit Dachpappe gegen Nässe von oben schützen. Auch hilft eine Steinplatte zwischen Boden und Stamm, Nassfäule zu verringern.
Xylocopa violacea ist bei der Auswahl des Nistplatzes eher wählerisch. Die Konsistenz des Morschholzes ist entscheidend und wird vom Weibchen sorgsam geprüft. Das Holz muss weich genug sein, um ein müheloses „Ausnagen" zu ermöglichen, muss aber gleichzeitig die nötige Stabilität für die Nestanlage aufweisen. Deshalb ist es wichtig, immer mehrere morsche Stämme oder Äste mit unterschiedlichen Verfallsstadien anzubieten.

Männchen bewacht den Nesteingang und wehrt andere Männchen ab. Der Pelz dieses Exemplars ist mit dem gelben Pollen des Löwenzahns „gepudert."

Weibchen an Blauregen, welcher zu den „Lieblingspflanzen" der Art gehört.

Männchen im Anflug an das Nest in einer Nisthilfe (halbmorscher Stamm).

In diesem Teilstück eines Apfelbaumstammes, der trotz Verfalls noch eine stabile Struktur aufweist, nisten mehrere Weibchen der Blauschwarzen Holzbiene.

Blauschwarze Holzbiene/Große Holzbiene (*Xylocopa violacea*)

Deutscher Name	Blauschwarze Holzbiene (Große Holzbiene)
Lateinischer Name	*Xylocopa violacea*
Größe	20–30 mm
Aussehen	Vollständig schwarz, dichter „Pelz“, Männchen an geknickten Fühlern mit rotgelbem Abschnitt.
Flugzeit	März (Februar) bis Oktober
Generationen	univoltin
Nistweise	Nagt Nester in Totholz von Laubhölzern, gerne in Obstbäume
Nisthilfen	Stehende (hängende) Totholzäste und -stämme unterschiedlicher Zerfallsstadien.
Lebensraum	Verschiedene wärmebegünstigte Lebensräume wie lichte Wälder, Waldränder, Feldgehölze, in Deutschland besonders in Parks, auf Obstwiesen sowie in Städten und Dörfern.
Gefährdung	Die Art scheint derzeit nicht gefährdet, da in Ausbreitung begriffen, geeignete Totholzstrukturen werden aber seltener!
Sonstiges	Eine der größten europäischen Wildbienen, in Ausbreitung begriffen, Imagos überwintern.

Frühlings-Pelzbiene/Gemeine Pelzbiene (*Anthophora plumipes*)

Oft gemeinsam mit ersten Hummelköniginnen bei der Nahrungssuche unterwegs ist die Frühlings-Pelzbiene (Gemeine Pelzbiene). Bestände von Lerchensporn, Lungenkraut, Roter und Gefleckter Taubnessel und anderen Frühblühern ziehen sie magisch an. Ihr Flugverhalten hilft bei der Bestimmung, denn oft verharrt sie kurz im Schwirrflug vor einer Blüte, bevor sie diese anfliegt. Dort verbleibt sie meist nur kurz, bevor sie sehr schnell und hektisch weiterfliegt. Sie kommt in zwei (drei) Farbvarianten vor.

*Weibchen der hellen Farbvariante der Frühlings-Pelzbiene (**Anthophora plumipes**) im typischen Schwirrflug vor einer Blüte einer Osterglocke. Gut zu erkennen ist der sehr lange Rüssel.*

Weibchen der dunklen Farbvariante an künstlicher Lehm- Steilwand. Das beinahe vollständig schwarze Tier (Ausnahme ist die rostrote Schienenbürste) gräbt eine Bruthöhre nahe der Holzumrandung der Nisthilfe.

Die Art bevorzugt vertikale Lehmwände, nistet aber auch auf geneigten oder horizontalen Flächen im Boden. Beim Blütenbesuch werden Pflanzen aller Familien angeflogen. Sie gehört zu den häufigsten Besiedlern von künstlichen Nisthilfen (Lehm-Sand-Steilwände).

Pollenbeladen kehrt dieses Weibchen zum Nistplatz in einer Nisthilfe zurück.

Männchen an Katzenminze.

Männchen ruht auf einem Stein. Deutlich zu erkennen sind die Haarbüschel an den Enden der Tarsen (Fußglieder).

Frühlings-Pelzbiene/Gemeine Pelzbiene (*Anthophora plumipes*)

Deutscher Name	Frühlings-Pelzbiene/Gemeine Pelzbiene
Lateinischer Name	*Anthophora plumipes*
Größe	14 mm bis 15 mm
Aussehen	Zwei Farbvarianten. Weibchen der hellen Phase mit schwarzbrauner Behaarung, dunklem Gesicht, roter Beinbürste. Weibchen der dunklen Phase schwarz mit roter Beinbürste. Männchen lang und grau behaart, gelbes Gesicht, Tarsen mit langen, fächerförmigen Büscheln.
Flugzeit	März bis Juni
Generationen	Univoltin (eine Generation im Jahr)
Nistplätze	Steilwände (Lehm, Löss), auch ebenirdisch nistend
Nisthilfen	Künstliche Lehm-Sand-Steilwände werden gerne angenommen.
Lebensraum	Viele Lebensraumtypen, sie müssen Steilwände bzw. halboffene Bodenstellen in Lehm oder Löss aufweisen.
Gefährdung	Die häufige Art scheint derzeit nicht gefährdet.
Nahrungspflanzen	Polylektisch, fliegt alle frühblühenden Pflanzenarten an
Sonstiges	Besitzt den längsten Rüssel aller europäischen Bienenarten

Heide-Blattschneiderbiene/Platterbsen – Mörtelbiene (*Megachile ericetorum*)

Auffälligste Merkmale sind neben der Größe (ähnlich Honigbiene) die schmalen, deutlichen Tergitbinden und die orange-rote Bauchbürste des Weibchens.

Die Art wird auch Platterbsen-Mörtelbiene genannt, was bereits einen Hinweis auf die Nahrungspflanzen gibt. Schmetterlingsblütler werden zum Pollensammeln angeflogen, die Nester in Steilwände und Hohlräume aller Art gebaut. Auch an Nisthilfen trifft man die auffällige Blattschneiderbiene an.

Mit oft steil aufgerichtetem Hinterleib sammeln die Weibchen Pollen von Wicken, Hornklee, Lavendel, Lupinen, Salbei oder Ziest-Arten. Auch für Nutzpflanzen wie Bohnen ist die Art ein wichtiger Bestäuber.
Ihre Brutzellen werden nicht mit Blättern, sondern mit Lehmmörtel ausgekleidet (Artname!), die Zwischenwände und der Nestabschluss sind oft zusätzlich mit Harz versehen.

*Weibchen von **Megachile ericetorum** wärmt sich morgens auf einem Basaltstein im Garten auf.*

Gut getarnt ruht dieses männliche Exemplar auf einem Kiefernzapfen.

Heide-Blattschneiderbiene/Platterbsen-Mörtelbiene (*Megachile ericetorum*)	
Deutscher Name	Heide-Blattschneiderbiene, Platterbsen-Mörtelbiene
Lateinischer Name	*Megachile ericetorum*
Größe	Männchen 10 mm bis 13 mm, Weibchen 12 mm– 15 mm
Aussehen	Auffallend sind die breiten Binden der Tergite. Der Körper ist gelbbraun behaart. Der Oberkiefer ist durch eine lange gerade Zahnkante gekennzeichnet. Männchen haben auf dem 6. Tergit einen lang gezähnten, in der Mitte tief ausgeschnittenen Grat.
Flugzeit	Mitte Juni bis Anfang August
Generationen	Univoltin (eine Generation im Jahr)
Nistplätze	Hohlräume verschiedener Art, Mauerritzen, auch in Nisthilfen
Nisthilfen	Bohrungen in Holz, Stein, Ton, Stängel, Pappröhrchen, Durchmesser 6 mm bis 7 mm; auch in künstlichen Lehmwänden und im Boden (Abbrüche, Steilwände), auch in verlassenen Nestern anderer Bienenarten.
Lebensraum	Siedlungsräume, Sandgruben, Uferabbrüche, Weinbergsbrachen, trockenwarme Ruderalstellen
Gefährdung	Die Art scheint derzeit nicht gefährdet.
Nahrungspflanzen	Fliegt oligolektisch auf Schmetterlingsblütler, selten werden auch Lippenblütler als Pollenquelle genutzt
Sonstiges	Die Paarung erfolgt oft beim ersten Nektarbesuch des Weibchens, der an Schmetterling- und Lippenblütlern stattfindet.

*Wicken gehören zu den Lieblingspflanzen der Platterbsen-Mörtelbiene (**Megachile ericetorum**).*

Ackerhummel (*Bombus pascuorum*)

Sie ist wohl die häufigste und verbreitetste Hummelart Deutschlands. Auf Wiesen, an Rainen und Waldrändern, in Parks und Gärten sucht die Königin im Frühling einen ober- oder unterirdischen Hohlraum zur Nestanlage. Sie ist sowohl Nestbauer als auch Nestbezieher. Mäusenester sind sehr beliebt, aber auch Vogelnester, Nistkästen oder offene Plätze wie Ställe oder Holzschuppen werden besiedelt.

Die Völker umfassen 100 bis 150 Tiere, die auch am Nest sehr friedlich sind. Sie werden daher als optimale „Nistkastenhummeln“ bezeichnet.

Ackerhummeln sind polylektisch, neben diversen Lippenblütlern (Nesseln) werden unter anderem auch gerne Karden oder Flockenblumen angeflogen.

Königin an Lungenkraut, im Frühjahr neben Lerchensporn die wichtigste Trachtpflanze.

Ackerhummel (*Bombus pascuorum*)

Deutscher Name	Ackerhummel
Lateinischer Name	*Bombus pascuorum*
Größe	13 mm bis 14 mm (Drohnen, Arbeiterinnen), bis zu 18 mm (Königin)
Aussehen	Kopf und Thorax sind gelbbraun bis rotbraun, Tergite 1 bis 4 grauschwarz behaart, gelb bis rotbraun sind die letzten beiden Tergite. Die Art ist in ihrer Färbung variabel, es treten auch Exemplare mit grauschwarzem Thorax auf.
Flugzeit	Mitte April bis September (selten bis November)
Generationen	Univoltin (eine Generation im Jahr)
Nistplätze	Hohlräume verschiedener Art (ober- und unterirdisch), gerne in Mäusenestern und Hummelkästen.
Nisthilfen	Hummelkasten
Lebensraum	Nahezu alle Biotoptypen, in denen genügend Nahrung vorhanden ist.
Gefährdung	Die häufige Art scheint derzeit nicht gefährdet.
Nahrungspflanzen	Wie alle Hummelarten polylektisch, in der langen Flugzeit werden alle pollen- und/ oder nektarspendenden Blüten besucht.
Sonstiges	Langrüsselige Art. Gut in Hummelkästen zu halten.

Steinhummel (*Bombus lapidarius*)

Unter Steinhaufen oder lückigen Mauern baut diese noch recht häufige Art gerne ihre Nester, was ihr ihren Namen einbrachte. Aber auch in Strohballen oder verlassenen Vogelnestern sind sie zu finden.

Steinhummel auf Fetthenne.

Die Weibchen sind fast vollständig schwarz, nur die Hinterleibsspitze ist braunrot. Die männlichen Tiere haben zusätzlich eine gelbe Thoraxbinde. Die Art ist im Feld mit Erfahrung zu bestimmen, es gibt allerdings einige seltene, ähnlich gefärbte Arten.

Die Steinhummel ist ein Ubiquist, sie ist also in vielen verschiedenen Lebensräumen zu finden, von Wäldern über Wiesen, Parks, Brachflächen und Gärten bis hin zu Heckenlandschaften. Auch in ihrer Ernährung ist sie sehr anspruchslos, sie sammelt an fast allen Pflanzenfamilien.
Aus diesen Gründen ist die Steinhummel noch relativ häufig anzutreffen und lässt sich – wie die Ackerhummel auch – gut in Hummelkästen ansiedeln. Die Größe der Völker beträgt 100 bis 300 Tiere.

In solchen Trockenmauern legen Steinhummeln gerne ihre Nester an, oft in Nachbarschaft zu Zauneidechse und Co.

Männliche Steinhummel an Gemeiner Kratzdistel.

Steinhummel (*Bombus lapidarius*)

Deutscher Name	Steinhummel
Lateinischer Name	*Bombus lapidarius*
Größe	Männchen 14 mm bis 16 mm, Weibchen 12 mm bis 16 mm, Königin 20 mm bis 22 mm
Aussehen	Weibchen schwarz, Tergite 4 bis 6 rotbraun, Männchen zusätzlich mit gelber Binde am vorderen Thorax
Flugzeit	Ende März bis Ende September
Generationen	Univoltin (eine Generation im Jahr)
Nistplätze	Nester in Hohlräume verschiedener Art, unter Steinhaufen, auch in Hummelkästen
Nisthilfen	Hummelkasten
Lebensraum	Alle Lebensräume, auch im Siedlungsbereich
Gefährdung	Die häufige Art scheint derzeit nicht gefährdet.
Nahrungspflanzen	Keine Bevorzugung spezieller Arten oder Pflanzenfamilien
Sonstiges	Friedliche Art, oft jahrelang am selben Neststandort. 100 – 300 Individuen pro Volk.

Dunkle Erdhummel (*Bombus terrestris*)

Bei warmer Witterung kann man die Königinnen der Dunklen Erdhummel manchmal schon Anfang März auf der Suche nach Nektar umherfliegen sehen. Sie gehört damit zu den ersten Frühlingsboten der Bienenwelt.

Wie die Steinhummel und die Ackerhummel gehört auch sie zu den Arten, die nahezu alle Lebensräume bewohnen, die einen Nistplatz und genügend Nahrung zu bieten haben. Bei der Wahl ihrer Nahrungspflanzen ist die Art ebenso anspruchslos wie die beiden anderen. Sie nutzt alle heimischen Blühpflanzen zur Nektar- und Pollenaufnahme, im Frühling besonders alle Frühblüher, unter denen das Lungenkraut und der Lerchensporn herausragen. Die Bedeutung dieser beiden Arten als Erstnahrung für Hummelköniginnen im Frühling kann nicht genug betont werden.

Die Erdhummel nistet gerne in verlassenen oder noch besetzten Mäusenestern. Sie ist wehrhaft und in der Lage, den eigentlichen Besitzer zu vertreiben. Dabei helfen ihr ihre Größe, der lange Stachel und der gefährlich klingende, tiefe Brummton.

Als Nestbezieher sucht sie auch oberirdische Strukturen im Siedlungsbereich auf, wie alte Schuppen, Strohballen, Heulager oder Ställe.

Auch Hummelkästen werden gerne angenommen, besonders wenn frische (unbehandelte) Polsterwolle zur Nestgründung vorhanden ist.

*Königin der Dunklen Erdhummel (**Bombus terrestris**). Mit ihrer Körpergröße von bis zu 23 mm ist sie eine imposante Erscheinung und fällt sofort auf, wenn sie langsam knapp über dem Boden umherfliegt, um Nahrungspflanzen oder Brutplätze zu suchen.*

Arbeiterin der Dunklen Erdhummel (**Bombus terrestris**) an Natternkopf (**Echium vulgare**). Gut zu erkennen sind die Färbung und Anordnung der Körperbinden.

Dunkle Erdhummel (*Bombus terrestris*)

Deutscher Name	Dunkle Erdhummel
Lateinischer Name	*Bombus terrestris*
Größe	Männchen 14 mm bis 16 mm, Weibchen 11 mm bis 17 mm, Königin 20 mm bis 23 mm
Aussehen	Weibchen schwarz, auf dem kopfnahen Thorax und dem 2. Tergit befindet sich eine schmale, braungelbe Binde. Die beiden letzten Tergite sind grauweiß. Bei farbvariierenden Individuen kann die Thoraxbinde fehlen.
Flugzeit	Anfang März bis Mitte Oktober
Generationen	Univoltin (eine Generation im Jahr)
Nistplätze	Nester meist in Mäusenestern, aber auch oberirdisch, z. B. in Hummelkästen
Nisthilfen	Hummelkästen
Lebensraum	Alle Lebensräume, auch im Siedlungsbereich
Gefährdung	Die häufige Art scheint derzeit nicht gefährdet.
Nahrungspflanzen	Polylektisch, keine Bevorzugung bestimmter Arten oder Pflanzenfamilien.
Sonstiges	Die Königinnen sind sehr wehrhaft. 100 bis 600 Individuen stark sind die Völker, in südlichen Gebieten sind es bis zu 1.000 Individuen pro Volk.

Schornstein-Lehmwespe (*Odynerus spinipes*)

Der Name dieser interessanten und mittlerweile eher seltenen Wespenart rührt von ihren prägnanten Nesteingängen während der Bauphase her, die aus Lehmklümpchen gebaut werden und wasserhahn- oder schornsteinförmig aussehen.

*Weibchen von **Odynerus spinipes** schlüpft in den „Schornstein" ein.*

Die Wespe selbst weist mit ihrer schwarz-gelben Grundfärbung eine typische Wespenzeichnung auf. Sie ist am leichtesten durch ihre einzigartige Nestbauweise zu bestimmen. Oft in großen Aggregationen legen die Tiere in Löss- oder Lehmwänden (selten ebenerdig) ihre Nester an.

Daher kommt die Art vor allem in Gebieten mit trockenwarmen, sandig-lehmigen Steilwänden vor. Daneben werden aber auch Ortschaften besiedelt, in denen lehmverputzte Fachwerkhäuser oder weiche Sandsteine für Ersatzlebensraum sorgen. In der Kindheit und Jugend des Verfassers gab es in dessen Heimatort noch Nestansammlungen von mehreren hundert Nestern in Lehmgefachen von Fachwerk-Scheunen. Da solche Neststandorte (genauso wie die Nistwände in der freien Landschaft) immer seltener werden, gehen die Bestände der Art deutlich zurück.

Weibchen trägt Rüsselkäferlarve ins Nest.

Die Wespe jagt Rüsselkäferlarven und trägt diese zur Versorgung ihrer Brut in ihr Nest.

Diese Phase dauert etwa zwei Wochen. Am Ende ist der „Schornstein/Wasserhahn" verschwunden, da er während der Bauphase „verbaut" wird.

Das interessante Verhalten dieser Art lässt sich auch im eigenen Garten an Nisthilfen beobachten, da auch künstliche Lehmwände besiedelt werden.

*In diesen künstlichen Steilwänden in Pflanzsteinen nistet neben anderen Arten auch **Odynerus spinipes**.*

Schornstein-Lehmwespe (*Odynerus spinipes*)

Deutscher Name	Schornstein-Lehmwespe
Lateinischer Name	*Odynerus spinipes*
Größe	Weibchen 10–12,5 mm, Männchen wenig kleiner
Aussehen	Schwarzgelbe, typische Wespenfärbung, gelbe Binden schmal, Männchen mit eingerollten Fühlerenden.
Flugzeit	Mai bis Juli
Generationen	univoltin
Nistplätze	Baut typische, wasserhahnförmige Vorbauten an ihr Nest in Löss- oder Lehmwänden, seltener im Boden. Die Vorbauten werden am Ende des Nestbaus wieder abgebaut und weiterverarbeitet.
Nisthilfen	Künstliche Sand-Lehmwände (auch vergleichsweise harte Substrate)
Lebensraum	Verschiedene Lebensräume, die Steilwände aufweisen, wie Flussufer, Hohlwege oder Sandgruben und Lehmgruben. Auch im Siedlungsbereich an lehmverputzen Gebäuden, Lehmfachwerk oder künstlichen Steilwänden (Nisthilfen).
Gefährdung	Wegen des Rückgangs geeigneter Nistplätze gefährdet.
Nahrungspflanzen	Trägt ausschließlich Larven von Rüsselkäfern als Larvennahrung ein.
Sonstiges	Aufgrund der einzigartigen Nestbauweise bereits im Gelände gut bestimmbar.

Die Hornisse (*Vespa cabro*) – besser als ihr Ruf

„Drei Stiche töten einen Menschen, sieben ein Pferd". Dieser Satz schwirrt noch in vielen Köpfen herum, und er ist ebenso beängstigend wie falsch. Das Gift der Hornisse ist nicht stärker als das anderer Wespenarten. Vor allem aber ist die Hornisse die mit Abstand friedlichste soziale Wespe. Verhält man sich entspannt und ruhig, kann man sich selbst dem Neststandort auf einen Meter nähern, ohne dass die Wächtertiere des Staates aggressiv werden. Der tiefe Flugton der Arbeiterinnen allerdings kann schon bedrohlich wirken, besonders dann, wenn die Tiere in Wohnungen einfliegen. Da Hornissen auch im Dunkeln aktiv sind, passiert das öfters nachts, wenn Fenster offenstehen und die Tiere vom Licht angelockt werden. Dann ist es hilfreich, das Licht zu löschen und die Fenster weit zu öffnen. Meistens finden die Tiere dann alleine wieder ins Freie zurück.

Portrait einer Hornisse. Typisch ist die kontrastreiche, schwarz-gelbe Wespenfärbung; die großen Facettenaugen ermöglichen ein sehr gutes Sehen.

Mit ihren kräftigen Mundwerkzeugen fressen Hornissen große Löcher in morsches Holz, welches sie zum Nestbau sammeln.

Leider findet man im Internet deutlich mehr Anleitungen zum Entfernen oder Vermeiden von Hornissennestern als Maßnahmen zum Schutz der Großwespe. Dabei können Hornissen vielen Menschen sympathisch werden, z. B. dann, wenn diese erfahren, dass Hornissen, die in der Nähe nisten, andere Falten-Wespen fernhalten, indem sie diese erbeuten.

Anders als die manchmal lästigen Besucher der Kaffeetafel findet man Hornissen dort so gut wie nie. Sie bevorzugen tierisches Eiweiß für die Aufzucht ihrer Larven und verfüttern dabei auch andere Wespenarten.

Die natürlichen Neststandorte der Europäischen Hornisse liegen in hohlen Bäumen, manchmal auch in Felsspalten oder anderen großen Hohlräumen.

Nachdem die Art stark rückläufig war, ist sie seit Ende der 1970er-Jahre in weiten Teilen Deutschlands wieder häufiger anzutreffen. Die genauen Ursachen für die Bestandsschwankungen sind nicht bekannt. Allerdings spielt mit großer Wahrscheinlichkeit (auch heute noch) die direkte menschliche Verfolgung im Siedlungsbereich dabei eine Rolle, obwohl die Hornisse bundesweit unter Naturschutz steht.

Hornissen besiedeln neben Waldrändern, Feldhecken, Parks und Obstwiesen auch gerne Gärten in Ortschaften und sogar größeren Städten. So kommen sie recht häufig mit Menschen in Kontakt.

In diesem hohlen Apfelbaum befindet sich ein großes Hornissennest. Durch das Loch im Astabbruch fliegen die Tiere aus und ein.

Auch Vogelnistkästen werden manchmal besiedelt, sind aber in der Regel zu klein für das Volk, sodass die Hornissen das Nest außerhalb des Kastens weiterbauen. Dabei wird er oft gänzlich vom Nest umschlossen, sodass dessen Außenhülle dann komplett frei liegt und der Witterung ausgesetzt ist.

Großes Hornissennest im geöffneten Nistkasten.

Typisch sechseckige Waben eines Hornissennestes. Die Streifen entstehen durch die Nutzung unterschiedlicher Holzarten.

Hornisse (*Vespa cabro*)

Deutscher Name	Hornisse
Lateinischer Name	*Vespa cabro*
Größe	Arbeiterinnen 18 mm bis 25 mm, Königin 23 mm bis 35 mm
Aussehen	Typisch schwarz-gelbe Wespenfärbung, die im Kopf- und Rumpfbereich unterschiedlich hohe Rotanteile aufweist.
Flugzeit	April bis Oktober (November)
Generationen	Königin gründet nach Überwinterung im Frühjahr ein Volk, das sich im Spätherbst mit dem Ausfliegen der neuen Königinnen auflöst.
Nistplätze	Hohlräume verschiedener Art, meist in Bäumen, gerne in Nistkästen.
Nisthilfen	Hornissenkästen
Lebensraum	Verschiedene Lebensräume wie lichte Wälder, Waldränder, Feldgehölze, Parks, Obstwiesen, Städte und Dörfer.
Gefährdung	Die Art scheint derzeit nicht mehr gefährdet, steht aber unter Naturschutz.
Nahrung	Erbeutet für ihre Larven verschiedenen Insektenarten (gerne kleinere Wespen), zur Eigenversorgung werden meist Pflanzensäfte (gerne Fallobst) genutzt.
Sonstiges	Die große Wespenart wirkt oft furchteinflößend, ist aber wenig aggressiv und damit eher ungefährlich für den Menschen.

Der Stachel der Hornisse kann knapp 4 mm lang werden, wird aber selten gegen Menschen eingesetzt.

Bienenwolf (*Philantus triangulum*)

Kein Wolf im Schafspelz – dem Bienenwolf sieht man seine räuberische Natur an. Mit der typisch schwarz-gelben Farbkombination seiner sozial lebenden Verwandtschaft ist er direkt als Wespe erkennbar. Allerdings ist er etwas kleiner als eine „typische" Faltenwespe und seine Lebensweise ist gänzlich anders. Als solitär lebende Wespenart überfällt und paralysiert er vorwiegend Honigbienen. Diese werden in sein Nest gebracht und dienen dort seinen Larven als „lebender Nahrungsvorrat."

Er liebt sandige bzw. lockere Böden, in die er seinen Nestgang meistens schräg abfallend bis zu einem Meter lang gräbt. An seinem Ende liegen fünf bis sieben Nestkammern, in die jeweils drei bis sechs Honigbienen eingetragen werden. Aus Nestern mit einer hohen Anzahl an gelähmten Bienen schlüpfen weibliche Nachkommen.

Der Bienenwolf taucht gerne auch an künstlichen Sand-Kiesflächen auf und nistet dort. Seine Hauptbeute, die Honigbiene, ist in Gärten in der Regel die häufigste Bienenart. Sie ist dort fast immer anzutreffen.

Mit etwas Geduld und Glück kann man den Bienenwolf im Garten bei der spektakulären Honigbienenjagd beobachten. Er sucht Blütenpflanzen nach nektarsammelnden Arbeiterinnen der Honigbiene ab. Dabei „steht" er oft wie eine Schwebfliege an einer Stelle in der Luft und „erkennt" die Honigbiene an ihrem typischen Duft, bevor er sich auf seine Beute stürzt. Blitzschnell lähmt er sie durch einen Stich in die Vorderhüfte, dann presst er einen Nektartropfen aus dem Magen der Honigbiene und leckt diesen auf.

Dann dreht er seine Beute in die Rückenlage und transportiert sie im Flug zum Nest, wobei er sie mit allen sechs Beinen umklammert. Vor dem Nest „pendelt" er mehrfach in der Luft hin und her, dann landet er und trägt die Biene ins Nest ein. Der gesamte Vorgang wiederholt sich ca. 15- bis 40-Mal, bis alle Nestkammern mit Beute gefüllt sind.

Schwarz-gelbe Körperfärbung und großer Kopf – der Bienenwolf ist bereits im Gelände gut bestimmbar.

Manchmal größer als ihr Predator – die Honigbiene übertrifft manche Bienenwölfe in Gewicht und Volumen.

Bienenwolf (*Philantus triangulum*)

Deutscher Name	Bienenwolf
Lateinischer Name	*Philantus triangulum*
Größe	Männchen 8 mm bis 10 mm, Weibchen 13 mm bis 18 mm
Aussehen	Schwarz-gelbe Färbung von Abdomen, Thorax, Kopf und Beinen; erinnert an eine soziale Wespe mit großem Kopf, Fühler im Mittelteil verdickt.
Flugzeit	Mai bis September
Generationen	Bivoltin (zwei Generationen im Jahr)
Nistplätze	Bis zu einem Meter langer Nestgang in sandigem Boden, horizontal, geneigt oder vertikal, fünf bis sieben Nestkammern.
Nisthilfen	Sand-Kies-Flächen mit lockerem Sand.
Lebensraum	Heiden, Trockenrasen, Binnenlanddünen, auch auf ähnlichen Flächen im Siedlungsbereich, auch in sandigen Pflasterfugen.
Gefährdung	Die Art ist durch Lebensraumverlust (vegetationsarme Sandböden) stark rückgängig.
Nahrung	Die Brut wird primär mit Honigbienen, selten auch mit Wildbienen versorgt. Die Imagines ernähren sich von Nektar und Pollen verschiedener Pflanzenarten
Sonstiges	Das Beobachten der Jagd und der Brutpflege ist im Garten möglich und sehr faszinierend.

Fliegenspießwespen (*Oxybelus*)

Fliegenspießwespen werden wegen ihrer Winzigkeit oft übersehen. Alle 25 europäischen Arten der Familie sind sehr klein (4 mm bis 11 mm).

Sie gehören zu den Grabwespen und leben, wie ihre gesamte Verwandtschaft, räuberisch, wobei der Name bereits den entscheidenden Hinweis gibt. Sie jagen Fliegen und spießen diese mit ihrem Stachel auf.

Sie leben in trockenwarmen Biotopen mit meist sandigem Untergrund, in den sie ihre 6 cm bis 10 cm tiefen Nistgänge graben. Die Weißfleckige Fliegenspießwespe (Oxybelus uniglumis) ist am wenigsten anspruchsvoll und taucht auch weit ab von Sandgebieten im Siedlungsbereich auf. Sie findet auf Baustellen ruhende Sandhaufen oder als Nisthilfe angelegte Sandflächen (auch Sand-Kies-Flächen) mit erstaunlicher Regelmäßigkeit.

In Sandgebieten, gerne auf Binnendünen, lebt die Zierliche Fliegenspießwespe. Wie der Name schon sagt, ist das Insekt sehr klein (ca. 3 mm bis 4 mm) und wird in der Regel übersehen.

*Ein Weibchen der Weißfleckigen Fliegenspießwespe (**Oxybelus uniglumis**) trägt eine aufgespießte Fliege in ihr Nest. Sie bringt zwei bis drei Generationen im Jahr hervor. Der Neststandort befindet sich auf einer Sandfläche (künstliche Nisthilfe) im Garten des Verfassers.*

*Die Zierliche Fliegenspießwespe (**Oxybelus haemorrhoidalis**) gräbt im losen Sand ihr Nest, indem sie die Sandkörner mit den Vorderbeinen unter ihrem Körper hinweg nach hinten schleudert.*

Zierliche Fliegenspießwespe am fertigen Nest. Rechts ist deutlich der Eingang des schräg nach unten führenden Gangs zu erkennen.

Die Wespe „taucht“ mit der fast dreimal so großen, paralysierten Fliege ins Nest ein.

Ebenfalls im Siedlungsbereich pflanzt sich Oxybelus bipunctatus, die Zweipunkt-Fliegenspießwespe, fort. Sie bevorzugt offene Sandflächen, nimmt aber auch mit anderen trockenen, schütter bewachsenen Böden Vorlieb. Auch sie ist auf künstlichen Sand-Kies-Flächen zu beobachten. Sie ist ebenfalls sehr klein (3 mm bis 4 mm) und wird oft erst bemerkt, wenn sie die manchmal deutlich größeren, erbeuteten Fliegen zum Nest transportiert.

Heuschrecken-Sandwespe (*Sphex funerarius*)

Auffallend und faszinierend zugleich ist dieser Gewinner des Klimawandels, der in den letzten Jahren immer häufiger auch im Siedlungsbereich auftaucht. Die schiere Größe, besonders die der Weibchen, und die schwarz-rote Körperzeichnung in Kombination mit robustem, gedrungenem Körperbau machen die Art bereits im Gelände gut kenntlich.

Als Bodennister profitiert die Art von unseren Sand-Kies-Flächen und dem Nahrungsangebot in Form von Blühflächen und dem damit verbundenen Insektenreichtum.

Besonders Distelgewächse werden von der Heuschrecken-Sandwespe gerne zur Nektaraufnahme aufgesucht.
Die Brut wird ausschließlich mit Heuschrecken versorgt.

*Künstliche Sandflächen wie diese werden gerne von **Shex funerarius** besiedelt.*

Weibchen an Feld-Mannstreu.

Weibchen gräbt Bodennest in Sand-Kies-Fläche.

Heuschrecken-Sandwespe (*Sphex funerarius*)

Deutscher Name	Heuschrecken-Sandwespe
Lateinischer Name	*Sphex funerarius*
Größe	15 mm bis 25mm
Aussehen	Groß, robust gebaut, Thorax und Hinterleibsspitze schwarz, sonst rot, Weibchen mit Rot an den Beinen.
Flugzeit	Mitte Juni bis Anfang September
Generationen	Bivoltin (zwei Generationen im Jahr)
Nistplätze	Bodennest in sandig oder lehmigen Böden, Gang führt ca. 15 cm schräg abwärts, an seinem Ende liegt die Brutkammer. Sie wird mit Heuschrecken verproviantiert. Oft liegen mehrere Nester in einer Kolonie eng zusammen (Aggregation).
Nisthilfen	Sand- oder Sand-Kies-Flächen, meist vegetationslos, auch in lehmigen, nicht allzu verdichteten Böden.
Lebensraum	Trockenheiße Biotope, Sanddünen, Brachflächen, auch Naturgärten mit steinig-sandigen Strukturen.
Gefährdung	In der Ausbreitung nach Norden begriffen, in kühlen Sommern manchmal ganz verschwunden, in warmen Folgejahren oft schlagartig wiederauftauchend.
Nahrung	Larven werden mit verschiedenen Heuschreckenarten versorgt, Imagines ernähren sich von Pollen und Nektar.
Sonstiges	Auffallende, große Wespenart, Stachel vermag menschliche Haut zu durchdringen, Tiere sind aber nie aggressiv oder aufdringlich.

Gemeine Keulenwespe (*Sapyga clavicornis*)

Die noch recht häufige Keulenwespe ist ein typischer Brutparasit, der bei der Hahnenfuß-Scherenbiene (*Chelostoma florisomne*) und seltener bei anderen Mauerbienenarten schmarotzt.

Sie taucht daher auch regelmäßig an Nisthilfen im Siedlungsbereich auf, sofern diese von den genannten Wirtsarten genutzt werden. Außerhalb der Städte und Dörfer bewohnt sie Lebensräume mit Totholz wie Waldränder, Weiden, Obstwiesen oder Windwurfflächen.

An ihrer langgezogenen, schlanken Gestalt und der schwarz-gelben Körperzeichnung sowie den typischen Fühlern ist sie im Feld relativ sicher anzusprechen.

*Weibchen von **Sapyga clavicornis** lauert am Nest der Hahnenfuß-Scherenbiene (**Osmia florisomne**). Im geeigneten Moment legt sie (auch durch bestehende Zellwände hindurch) mit ihrem Legebohrer ihr Ei auf den Pollenkuchen. Die geschlüpfte Larve frisst nur den Pollenkuchen, nicht aber die Wirtslarve; diese wird von ihr nur getötet.*

Männchen an Totholz. Zu erkennen sind die am Ende keulenartig verdickten Antennen.

Schmalbauchwespe (*Gastroeruption spec.*)

Keulenartig verdickte Hinterschienen sind ein typisches Merkmal aller Schmalbauchwespen. Sie parasitieren bei Maskenbienen, Seidenbienen, Löcherbienen, Mauerbienen, Keulhornbienen und Spiralhornbienen. Daher tauchen sie auch an Nisthilfen auf, an denen sie durch ihren Suchflug bzw. suchendes Umherkriechen auffallen. Die zwölf in Deutschland vorkommenden Arten sind nur schwer zu unterscheiden.

*Schmalbauchwespe im Suchflug vor Nisthilfe. Deutlich sind der Legestachel sowie die verdickten Hinterschienen zu erkennen (wahrscheinlich **G. jaculator**).*

*Auch auf Doldenblütlern sind Schmalbauchwespen nahrungssuchend zu finden (wahrscheinlich **G. assectator**).*

Welche Pflanzenarten für den (Bienen-)Garten?

Grundsätzlich macht man als Naturgärtner keinen Fehler, wenn man heimische Blühpflanzen im Garten pflegt. In hunderttausenden von Jahren Evolution haben sich Insekten und Pflanzen miteinander entwickelt und dabei teilweise eine gegenseitige Abhängigkeit ausgebildet. Viele Bienenarten sammeln Pollen, den sie für die Aufzucht ihrer Nachkommen brauchen, nur an einer einzigen Pflanzenart oder -familie. Aufgrund dieses Verhaltens bezeichnet man sie als „oligolektisch".

Darüber hinaus haben sich aber auch „fremdländische" Gewächse als Bienennahrung oder Lieferant von Baumaterial bewährt. Dies gilt besonders für Duft- und Gewürzpflanzen aus dem Mittelmeergebiet, wie z. B. Rosmarin oder Lavendel.

Die folgende Liste nennt wichtige Pflanzen für Wildbienen und Wespenarten. Sie stellt eine kleine Auswahl dar, denn es gibt natürlich noch viele weitere Arten, die für den naturnahen „Tiergarten" in Frage kommen. Die Reihenfolge der Aufzählung erfolgt alphabetisch.

Standort (trocken bis nass, schattig bis sonnig) und Boden entscheiden natürlich über die Bepflanzung. Obwohl Wildbienen auch Pflanzen der Feuchtgebiete (des Gartenteiches) und Wildgehölze befliegen, sollte der Schwerpunkt im Garten auf Gewächsen trockenwarmer Standorte (Trockenmauern, Schotter-Blumenflächen, Trockenrasen, Sandflächen, Steingärten) liegen. Blühende Gehölze sind natürlich ebenfalls ein wichtiger Bestandteil von naturnahen Gärten und werden häufig von Wildbienen bestäubt.

Artname	Standort	Besonderheiten
Acker-Glockenblume	frisch	beliebt bei vielen Bienenarten, spezialisierte Furchenbienen
Beinwell	halbtrocken bis nass	wird besonders gerne von langrüsseligen Hummeln beflogen
Berg-Bohnenkraut	trocken bis frisch	langblütig, wird von vielen kleinen Bienenarten beflogen
Bitterkraut	trocken bis frisch	unscheinbar, aber wird von vielen kleinen Wildbienen beflogen
Blaukissen	halbtrocken bis frisch	wichtige Nahrungspflanze für frühfliegende Bienenarten
Blutweiderich	frisch bis nass	wichtige Hummel- und Schmetterlingspflanze
Brombeere	alle Böden, sonnig bis halbschattig	neben Nektar- und Pollenquelle auch Niststandort (Mark in dürren Stängeln)
Dalmatiner-Glockenblume	trockenwarm	wichtig für spezialisierte Furchenbienen
Dornige Hauhechel	trockenwarm	wird von vielen, z. T. seltenen Bienenarten beflogen

Artname	Standort	Besonderheiten
Edelgamander	trocken	langblütig, bedrohte Wildpflanze, wird von vielen kleinen Wildbienen beflogen
Feld-Mannstreu	trockenwarm	braucht viel Platz, wird gerne von diversen Wespenarten beflogen
Flachblättriger Mannstreu	trocken bis frisch	beliebt bei vielen Insektenarten, wird von vielen Bienen- und Wespenarten beflogen
Garten Krokusse/ Wildkrokusse	mäßig frisch bis mäßig feucht, vertragen keine Staunässe	Nektarquelle im Frühjahr für alle Insektenarten
Garten-Salbei	halbtrocken	langblütig, wird intensiv von allen Insektenarten beflogen
Gefleckte Taubnessel	frisch, humose Böden	wird gerne von Hummeln beflogen
Gemeine Kratzdistel	alle Böden	wichtige Hummel- und Schmetterlingspflanze
Gemeine Ochsenzunge	trocken bis frisch	seltene Wildpflanze
Gemeine Wegwarte	trocken – steinig bis mäßig frisch	beliebt bei allen Insektenarten
Gewöhnlicher Natternkopf	trockenwarm, steinig-sandige Ruderalflächen	einzige Pollenquelle der Natternkopf-Mauerbiene
Ginster	trockenwarm	beliebt bei Holzbienen
Golddistel	trockenwarm	seltene Wildpflanze
Goldnessel	frisch, humose Böden	beliebt bei Hummeln
Heidenelke	trocken	bedrohte Wildpflanze
Himbeere	alle Böden, frisch	beliebt bei vielen Insektenarten
Hohes Fingerkraut	trocken bis mäßig frisch	seltene Wildpflanze
Hornklee	halbtrocken bis frisch	beliebt bei diversen Bienenarten
Huflattich	trocken bis mäßig frisch	wichtige frühe Nektarquelle
Johannisbeere	alle Böden, frisch	beliebt bei vielen Bienenarten
Kartäusernelke	trocken	bedrohte Wildpflanze
Klatschmohn	offene Böden	kurzblütig, wird aber intensiv von vielen Insektenarten beflogen
Kleinblütige und Großblütige Königskerze	trocken	langblütig, Baumaterial für Wollbienen
Kleines Habichtskraut	trocken	wird intensiv von kleinen Bienenarten beflogen
Kreuzdorn	alle Böden, trocken bis frisch	wichtige Nektarquelle
Kriechender Günsel	frisch	wird intensiv von vielen Insektenarten beflogen
Küchenschelle	trocken	viele Gartenformen, Wildform selten
Kugeldistel	trocken bis mäßig frisch	wird intensiv von Hummeln und Honigbienen beflogen

Artname	Standort	Besonderheiten
Kugellauch	trocken	wird von kleinen Bienen- und Wespenarten beflogen
Lavendel	trocken	viele verschiedene Sorten, alle nektarreich und intensiv beflogen
Löwenzahn	alle Böden	zeigt Nährstoffreichtum an, kurzzeitiger Pollen- und Nektarlieferant
Lungenkraut	frisch bis feucht	wichtige Nektarquelle im Frühling
Malven (alle Arten)	mäßig frisch bis frisch	langblütig, viele spezialisierte Bienenarten
Mehlige Königskerze	trockenwarm	dürre Stängel dienen als Nistplatz einiger Bienenarten
Nesselblättrige Glockenblume	frisch, humose Böden	wichtiger Pollen- und Nektarlieferant in Wäldern, wichtig für spezialisierte Furchenbienen
Osterglocken (viele Zuchtformen)	trocken bis frisch; vertragen keine Staunässe!	ungefüllte Sorten setzen(!), im Frühling wichtige Nahrungsquelle und Schlafplatz für viele Insektenarten
Orangerotes Habichtskraut	trocken	wird intensiv von vielen kleinen Wildbienenarten beflogen
Pfirsichblättrige Glockenblume	trocken bis frisch	wichtig für spezialisierte Furchenbienen
Rainfarn	trocken bis frisch	besonders beliebt bei Seidenbienen
Raps	frisch	großblütiger Kreuzblütler, sehr beliebt bei spezialisierten Mauerbienen
Rapunzelblättrige Glockenblume	halbtrocken bis frisch	wichtig für spezialisierte Furchenbienen
Rote Spornblume	trocken	langblütig, wird von Schmetterlingen, Bienen und Wespen beflogen
Rotklee	alle Böden	nektarreicher Dauerblüher, konkurrenzstark
Rote Zaunrübe	nährstoffreiche, durchlässige Böden, sonnig bis halbschattig	einzige Pollenquelle der Zaunrüben-Sandbiene
Sedum (alle Arten)	trocken	Dickblattgewächse, sehr resistent gegen Hitze und Trockenheit, wird intensiv von Bienen beflogen
Sempervivum (alle Arten)	trocken	Dickblattgewächse, sehr resistent gegen Hitze und Trockenheit, wird intensiv von Bienen beflogen
Schnittlauch	mäßig frisch bis mäßig feucht	besonders beliebt bei verschiedenen Maskenbienenarten
Schwarzdorn	trocken bis frisch	zur Blütezeit intensiv von allen frühfliegenden Insektenarten beflogen

Artname	Standort	Besonderheiten
Stachelbeere	frisch	Blüten werden intensiv von Bienenarten beflogen, besonders beliebt bei Sandbienen
Stängellose Kratzdistel	trocken	seltene Wildpflanze
Steinkraut (verschiedene Sorten)	trocken	wichtig für frühfliegende Insektenarten
Steppensalbei (verschiedene Züchtungen/Farben)	trocken bis mäßig frisch	wird intensiv von allen Insektenarten beflogen
Tausendgüldenkraut	mäßig trocken bis frisch	seltene Wildpflanze
Thymian (verschiedene Arten)	trocken	langblütig, wird intensiv von kleinen Bienen und Wespen beflogen
Vogelwicke	frisch bis mäßig feucht	wird intensiv von vielen Bienenarten beflogen
Walzen-Wolfsmilch	trocken	wird intensiv von Feldwespen beflogen
Wasserdost	frisch bis nass	wird von vielen (kurzrüsseligen) Insektenarten beflogen
Weiden (alle Arten)	frisch bis nass	im Frühling sehr wichtige Pollen- und Nektarquelle für alle Insekten, besonders Sand- und Honigbienen
Weidenröschen (alle Arten)	mäßig frisch bis leicht feucht	langblütig, nektarreich, Blätter werden gerne von Blattschneiderbienen genutzt
Weißdorn	trocken bis frisch	wird intensiv zur Blütezeit beflogen
Weißklee	alle Böden	beliebt bei vielen Bienenarten, anspruchslos
Wiesenpippau	frisch, alle Böden	langblütig, wird von diversen Insektenarten beflogen
Wiesensalbei	trocken bis frisch	wird von vielen Insektenarten beflogen
Wiesen-Schafgarbe	halbtrocken bis frisch	neigt zum Wuchern
Wiesen-Storchschnabel	halbtrocken bis frisch	beliebt bei vielen Bienenarten, Blüten auch als Schlafplatz genutzt
Wilde Karde	trocken	besonders beliebt bei Hummeln und Schmetterlingen
Wilde Möhre	trocken bis mäßig frisch	wird intensiv von kurzrüsseligen Insektenarten beflogen
Wilde Resede	Ruderalflächen	für viele Wildbienen und solitäre Wespen attraktiv
Wundklee	halbtrocken	besonders beliebt bei Pelzbienen
Zaunwicke	frisch, alle Böden	Lieblingspflanze der Mai-Langhornbiene

Flachblättriger Mannstreu.

Gemeine Kratzdistel.

Gartenkrokus.

Osterglocke.

Ochsenzunge.

Natternkopf.

Geflecktes Lungenkraut ist eine wichtige Nektarquelle im Frühjahr.

Rotfrüchtige Zaunrübe, einzige Pollenquelle der Zaunrüben-Sandbiene.

Einjähriger Feinstrahl mit Sandbienenmännchen.

Pfirsichblättrige Glockenblume.

Dornige Hauhechel mit Mörtelbiene.

Raps kann leicht in Töpfen oder Trögen kultiviert werden und dient diversen Wildbienen, die auf Kreuzblütler spezialisiert sind, als Pollen- und Nektarquelle.

Tausendgüldenkraut wird selten in Gärten kultiviert, ist aber attraktiv für Mensch und Insekt.

Kugeldisteln werden von vielen Hautflüglern beflogen, darunter besonders Honigbienen und Hummeln.

Was man sonst noch tun kann

Baustoffe anbieten

In der Regel finden Bienen und Wespen im (naturnahen) Garten die zum Nestbau benötigten Materialien: Totholz wird von sozialen und solitären Wespen regelmäßig aufgesucht und zu oft kunstvollen Nestern verarbeitet. Blattschneiderbienen sägen Blattstücke aus verschiedenen Pflanzen, um ihre Nester damit auszukleiden, Harz von Nadel- und Laubbäumen dienen verschiedenen Bienenarten als Baustoff. Nicht zuletzt wird feuchter Lehm von vielen Arten benötigt, um Nestverschlüsse oder Zell-Zwischenwände zu mauern. Pflanzenmörtel (zerkautes, mit Speichel vermischtes Pflanzenmaterial), Sandkörner und kleine Steine – vielfältig wie ihre Benutzer sind die „Baustoffe", die Bienen und Wespen benötigen.

Trotzdem kann die Suche nach Baumaterial für die Tiere erleichtert werden. Da auch Insekten Wasserstellen aufsuchen, um zu trinken, macht es beispielsweise Sinn, kleine Tränken zu schaffen, an denen gleichzeitig feuchter Lehm zum Nestbau angeboten wird. Dieser sollte stets feucht gehalten werden. Ganz einfach ist dies umzusetzen, indem man ein flaches Gefäß (Schale, Teller) mit Lehm füllt, Wasser dazugibt und feucht hält. Selbst auf Balkonen von Hochhäusern werden solche „Lehmpfützen" von Pillenwespen oder Mauerbienen aufgesucht.

Besitzer eines Gartenteiches sollten an einem Uferabschnitt feuchten Lehm anbieten. Solche Stellen werden manchmal auch von Mehlschwalben aufgesucht, die ebenfalls Lehm zum Nestbau benötigen.

*Nestverschluss der Blauen Holzbiene (**Xylocopa violacea**) aus verarbeiteten Holzspänen.*

*Nestzelle der Heide-Blattschneiderbiene (**Megachile ericetorum**) aus Rosenblättern (für das Foto freigelegt).*

Nestverschluss aus Baumharz und kleinen Steinen.

Typische Nestverschlüsse aus Lehm-Speichel-Gemisch (Gehörnte Mauerbiene, Rote Mauerbiene).

Die Orientalische Töpfergrabwespe, ein in Ausbreitung begriffener Neozoon, hat am „Lehmdepot" eine saubere Lehmkugel geformt, die sie im Anschluss an die Nest-Baustelle transportiert.

Wer es etwas größer möchte, arbeitet mit großen, flachen Steinen oder fertigt ein Vogel-Insekten-Bad mit „Baustoffdepot" (Lehm) an.

Kombination aus Vogelbad/-tränke, Insektentränke und Lehmdepot in einem flachen, großen Basaltstein.

Einfacher geht es nicht: Lehm(-Pulver) wird mit Wasser gemischt und feucht gehalten – fertig.

Arten wie diese soziale Wespe besuchen regelmäßig die Insektentränke.

Schneckenhäuser sammeln und positionieren

Schneckenhausbewohnende Bienenarten kann man fördern, indem man die leeren Gehäuse verschiedener Schneckenarten sammelt und im Garten entsprechend positioniert. Alle Schnirkelschnecken- und Weinbergschneckenhäuser sind gut geeignet und werden besonders gut angenommen, wenn sie im Schutz von Mauern oder großen Einzelsteinen liegen. Instinktiv scheinen die Tiere zu wissen, dass hier die Gefahr der Zerstörung, beispielweise durch Vertritt, geringer ist.

Es macht dagegen kaum Sinn, eine große Menge von Schneckenhäusern in Gefache sogenannter Insektenhotels zu stopfen. Diese Standorte werden nicht von Schneckenhausnistern genutzt.

Mit etwas Glück kann man an geeigneten Standorten die faszinierenden Nistweisen helicophiler (schneckenhausbewohnender) Bienenarten beobachten.

*Die Zweifarbige Schneckenhaus-Mauerbiene (**Osmia bicolor**) verschließt mit Lehm und Steinchen ihr Nest im Gehäuse einer Weinbergschnecke am Fuß einer Trockenmauer. Vermutlich zum Zweck der Tarnung hat sie dieses zuvor mit zerkauten Pflanzenteilchen „tapeziert."*

*Die Goldene Schneckenhausbiene (**Osmia aurulenta**) hat das Haus einer Schnirkelschnecke für die Nestanlage genutzt.*

Bezugsquellen

Beim Bau von Nisthilfen ist gutes Material entscheidend. neben einer großen Menge schlechter oder gar unbrauchbarer Materialien gibt es glücklicherweise auch sehr gute Anbieter von Niströhren, Schilfstängeln, Polsterwolle, Hartholz oder Lochziegeln und anderen Baustoffen. Einige seien hier genannt:

WAB – Mauerbienenzucht
Sonnentauweg 47
D-78467 Konstanz
Tel.: +49 (0)7531 - 3619536
E-Mail: info@Mauerbienen.com

Diplombiologe Johann-Christoph Kornmilch
Drosselweg 9
D-18057 Rostock
Tel.: +49 (0)3834 - 813095
Mobil: +49 (0)178 - 9202490
E-Mail: mail@bienenhotel.de

Diplombiologe Volker Fockenberg (Inhaber)
Heimersfeld 77
D-46244 Kirchhellen
Tel.: +49 (0)2045 - 84422
E-Mail: info@wildbiene.com
Internet: http://www.wildbiene.com

https://www.ebay.de/str/andisbucherstadel

https://www.naturschutzcenter.de

Literatur und weitere Quellen

Bücher

1) Blösch, M.: Grabwespen, VerlagsKG Wolf 2014, ISBN: 978-3-89432-257-1
2) Müller, A., Krebs, A., Amiet, F.: Bienen, Naturbuch Verlag 1977, ISBN: 3-89440-241-5
3) Richarz, K., Hormann, M.: Nisthilfen für Vögel und andere heimische Tiere, AULA-Verlag 2023, ISBN: 978-3-89104-852-8
4) Scheuchl, E., Willner, W.: Taschenlexikon der Wildbienen Mitteleuropas, Quelle und Meyer Verlag 2016, ISBN: 978-3-494-01653-5
5) Von Hagen, E.: Hummeln, Neumann-Neudamm-Verlag, 2. Auflage 1988, ISBN: 3-7888-0546-3
6) Westrich, P.: Die Wildbienen Deutschlands, Ulmer Verlag, 2. Auflage 2019, ISBN: 978-3-8186-0880-4
7) Westrich, P.: Wildbienen, Dr. F. Pfeil Verlag, 3. Auflage 2013, ISBN: 978-3-89937-136-9
8) Wiesbauer, H.: Wilde Bienen, Ulmer Verlag 2017, ISBN: 978-3-8186-0503-2
9) Witt, R.: Natur für jeden Garten, Eigenverlag, ISBN: 978-3-00-041361-2
10) Witt, R.: Wespen, Naturbuch Verlag 1998, ISBN: 3-89440-243-1

Webseiten

1) https://www.wildbienen.de/huschutz.htm (letzter Zugriff: 05.10.2022)
2) http://www.hornissenschutz.ch/hummelkasten-vonhagen.htm (letzter Zugriff: 05.10. 2022)
3) https://freilandoekologie-esser.de (letzter Zugriff: 05.10.2022)
4) https://www.wildbienen.info/index.php (letzter Zugriff: 05.10.2022)
5) https://www.naturspaziergang.de/Portrait-Seiten/Bienen-Portrait.htm (letzter Zugriff: 05.10.2022)
6) https://www.nabu-laubach.de (letzter Zugriff: 05.10.2022)
7) http://www.bienenhotel.de (letzter Zugriff: 03.05.2022)
8) https://www.naturgartenfreude.de/wildbienen/nisthilfen/bezugsquellen (letzter Zugriff: 05.10.2022)
9) https://www.wildbiene.com (letzter Zugriff: 05.10.2022)

Der Autor

Eric Fischer, Jahrgang 1961, wuchs inmitten von Wäldern, Obstwiesen und Weiden im oberhessischen Laubach auf. Bereits in seiner Kindheit war er fasziniert von allem, was mit der Natur zusammenhängt: Vögel, Wildblumen, Fledermäuse und nicht zuletzt Insekten. Hier waren es besonders Wildbienen und Wespen, die sein Interesse erweckten.

Eric Fischer

Mit 16 Jahren trat er in den NABU-Deutschland ein und arbeitet seitdem aktiv im ehrenamtlichen Naturschutz. Zu den umfangreichen Tätigkeiten gehörten schon früh Artenschutzmaßnahmen wie z. B. der Bau von Nisthilfen. Mitte der 70er-Jahre gab es zum Thema „Nisthilfen für Wildbienen" so gut wie keine Literatur, sodass das Selbstentwickeln und Austesten verschiedener Nisthilfentypen notwendig war. In gut vier Jahrzehnten konnte er so umfangreiche Erfahrungen mit der Ansiedlung und Förderung von Wespen und Bienen sammeln.

Seit 1991 ist er Lehrer für Deutsch und Sport an der Vogelsbergschule Schotten (Umweltschule, Fledermausfreundliches Haus, Klimafreundliche Schulhofgestaltung), an der er neben seinen studierten Fächern auch im Bereich Biologie tätig ist, z. B. bei der ökologischen Gestaltung des Schulgeländes. Auch hier spielt die Anfertigung und Anbringung von Bienennisthilfen gemeinsam mit Schülerinnen und Schülern eine wichtige Rolle, seine Erfahrung gibt er hier an die nächsten Generationen weiter.

Den eigenen Garten versucht er ständig noch tierfreundlicher zu gestalten. Die Lust am Optimieren und Neugestalten von Nisthilfen ist bis heute ungebrochen.

Der passionierte Naturfotograf veröffentlicht seine Bilder in Kalendern und Büchern und hält Bildvorträge zu allen Natur-Themen. Alle Aufnahmen in diesem Buch stammen von ihm und sind zum Großteil im eigenen Naturgarten entstanden.